高等职业学校机械类专业

数控车床加工工艺与编程（第三版）习题册

李灿军　张同兴　主编

中国劳动社会保障出版社

简介

本习题册是高等职业学校机械类专业教材《数控车床加工工艺与编程（第三版）》的配套用书。本习题册紧扣教学要求，按照教材内容顺序编排，知识点分布均衡，题型丰富多样，难易配置适当，有助于学生复习巩固所学知识。

本习题册由李灿军、张同兴任主编，吕波、解鸿翔任副主编，万露、侯延斌、张超参加编写，李启瑞任主审。

图书在版编目（CIP）数据

数控车床加工工艺与编程（第三版）习题册 / 李灿军，张同兴主编. -- 北京 : 中国劳动社会保障出版社，2025. --（高等职业学校机械类专业）. -- ISBN 978-7-5167-7039-9

Ⅰ. TG519. 1-44

中国国家版本馆 CIP 数据核字第 2025QR5064 号

数控车床加工工艺与编程（第三版）习题册

SHUKONG CHECHUANG JIAGONG GONGYI YU BIANCHENG (DI-SAN BAN) XITICE

中国劳动社会保障出版社出版发行

（北京市惠新东街 1 号　邮政编码：100029）

*

北京汇林印务有限公司印刷装订　　新华书店经销

787 毫米 ×1092 毫米　16 开本　5.5 印张　129 千字

2025 年 5 月第 1 版　　2025 年 5 月第 1 次印刷

定价：16.00 元

营销中心电话：400-606-6496

出版社网址：https://www.class.com.cn

https://jg.class.com.cn

目　录

模块一　数控车削加工基础

任务 1　认识数控车床

一、填空题（请将正确答案填在空白处）

1．数控车床主要用于加工轴类、盘套类等________________零件。

2．数控车床主要由________________、____________和________________等组成。

3．按照数控车床主轴的布置形式，数控车床可分为________数控车床和__________数控车床。

4．按照数控系统的功能，数控车床可分为__________、__________、________。

5．数控车床一般具有圆弧插补功能，可以加工______________。

6．在材质、精车余量和刀具一定的情况下，表面粗糙度值的大小取决于__________________。

二、选择题（请在下列选项中选择一个正确答案并填在括号内）

1．与普通车床相比，数控车床的加工精度（　　），生产率（　　）。

A．高　低　　B．高　高　　C．低　低　　D．低　高

2．数控车床的进给系统与普通车床的进给系统（　　）区别。

A．没有　　B．有细微的　　C．有本质的　　D．有较小的

3．数控车床的适应能力强，适用于（　　）批量零件的加工。

A．大　　B．特大　　C．小　　D．中

三、判断题（判断正误并在括号内填√或×）

1．数控车床的适应能力强，适用于多品种、大批量零件的加工。（　　）

2．在数控车床上一般不能进行多道工序的连续加工。（　　）

3．数控车床既可以进行人工补偿，也可以进行自动补偿。（　　）

4．数控车床的刚度一般比普通车床的刚度低。（　　）

5．数控车床一般都具有恒线速度切削功能。（　　）

6．数控车削适用于车削各部位表面粗糙度值要求相同的零件。（　　）

7．数控车床可以车削任何等导程或变导程的圆柱螺纹、圆锥螺纹和端面螺纹。（　　）

8．随着数控车床制造技术的不断发展，数控车床形成了品种单一、规格统一的局面。（　　）

9．经济型数控车床一般采用由步进电动机驱动的开环控制系统。（　　）

10．经济型数控车床结构简单，价格低廉，调整和维修较为方便。（　　）

11．经济型数控车床一般都具有检测反馈装置。（　　）

12．数控车床的主轴系统一般采用有级变速。（　　）

四、思考题

1．简述数控车床的结构特点。

2．简述数控车床的加工特点。

3．数控车床的主要加工对象有哪些？

任务 2　数控车床的基本操作

一、填空题（请将正确答案填在空白处）

1．数控车床的操作是通过__________面板和__________面板完成的。

2．数控车床的主要工作方式有__________、__________、__________、__________、__________、________。

3．位置显示有____________、____________和__________三种方式。

4．对于使用相对位置编码器的数控车床，数控系统断电重新启动后，必须执行__________操作。

5．在手动返回参考点过程中，为了保证安全，一般按先回______轴后回______轴的顺序进行。

6．手轮脉冲倍率开关有 ×1、×10、×100 三个位置，分别表示每格移动量为______________、______________和____________。

7．编辑操作方式是用来__________、________、________、________和________加工

程序的一种工作方式。

8. 主轴功能按键只在______________或______________模式下有效。

二、选择题（请在下列选项中选择一个正确答案并填在括号内）

1. 下列按键中，(　　) 键是坐标位置显示键。
   A. POS　　B. PROG
   C. OFFSET SETTING　　D. MESSAGE
2. 下列按键中，(　　) 键用于显示提示信息。
   A. POS　　B. PROG
   C. OFFSET SETTING　　D. MESSAGE
3. 若要对数控系统进行复位或清除报警信息，则需要按（　　）键。
   A. RESET　　B. HELP　　C. INPUT　　D. CAN
4. 下列按键中，(　　) 键用于将输入区域中的数据插入当前光标所在位置。
   A. ALTER　　B. INSERT　　C. DELETE　　D. EOB
5. 在数控车床操作过程中，如果出现紧急情况，应立即按下（　　）按钮，数控车床的全部动作停止，该按钮同时自锁。
   A. 启动　　B. 自动　　C. 复位　　D. 急停
6. 在建立新程序时，新程序的程序号必须是存储器中（　　）的程序号。
   A. 已有　　B. 没有
   C. 设定好　　D. 以上选项均正确

三、判断题（判断正误并在括号内填 √ 或 ×）

1. 为了加工需要，操作者可以随意修改或删除机床参数。（　　）
2. 在数控车床锁住状态下，只是锁住了各伺服轴的运动，主轴、冷却系统和刀架照常工作。（　　）
3. 不同类型的数控车床，由于配置的数控系统不同，面板功能和布局也各不相同。（　　）
4. 数控车床开始工作前要进行预热，认真检查润滑系统工作是否正常。（　　）
5. 工作时应穿好工作服、安全鞋，戴好工作帽、防护镜。（　　）
6. 移动坐标轴时，先慢转手轮，观察数控车床移动方向无误后方可加快移动速度。（　　）

四、思考题

1. 简述数控车床的开机和关机顺序。

2. 简述手动操作返回机床参考点的操作步骤。

任务3　数控车床系统（FANUC）的加工程序

一、填空题（请将正确答案填在空白处）

1. 数控车床程序的编制方法有____________编程和______________编程。

2. 每一个完整的数控程序都是由__________、__________和_________三部分组成的。

3. 程序指令字是由______________和____________________组成的。

4. 指令按照功能不同可以分为五种，分别是__________、__________、__________、___________和____________。

5. 辅助功能指令也称______功能或______指令。

6. G指令中，__________指令表示在程序中一经被应用，直到出现同组的任一G指令时才失效；_________指令表示只在本程序段中有效。

7. 在刀具功能指令T0101中，前两位数字表示___________________，后两位数字表示______________。

二、选择题（请在下列选项中选择一个正确答案并填在括号内）

1. 一般编制程序时第一步是（　　）。

A. 制定加工工艺　　B. 数值计算

C. 编写零件程序　　D. 输入程序

2. 下列指令字中，（　　）是准备功能指令。

A. M03　　B. G90　　C. X25　　D. S700

3. 在数控车床编程中，用于刀尖圆弧半径补偿的指令是（　　）。

A. G81、G80　　B. G90、G91

C. G41、G42　　D. G43、G44

4. 主轴表面恒线速度控制指令为（　　）。

A. G97　　B. G96　　C. G98　　D. G99

5. 下列选项中，不属于同组指令的是（　　）。

A. G01、G02　　B. G98、G99

C. G40、G41　　D. G19、G20

6. 下列选项中，与切削液有关的指令是（　　）。

A. M02　　B. M04　　C. M06　　D. M08

7．下列选项中与 M01 指令执行过程类似的是（　　）。

A．M00　　B．M02　　C．M03　　D．M30

8．不同组的几个 G 指令（　　）在同一程序段中指定。

A．不能　　B．必须　　C．可以　　D．禁止

9．若同一组的 G 指令在同一程序段中指定，则（　　）G 指令有效。

A．第一个　　B．最后一个

C．中间的一个　　D．所有

10．M05 指令用于主轴（　　）。

A．启动　　B．停转　　C．正转　　D．反转

三、判断题（判断正误并在括号内填√或×）

1．在同一数控车床中的程序号是不能重复的。（　　）

2．一个程序指令字也可以是一个程序段。（　　）

3．程序的结束部分必须写在程序的最后。（　　）

4．只在所规定的程序段中有效，程序段结束时被注销的指令称为模态指令。（　　）

5．执行 M00 指令后，数控车床所有动作都暂停。（　　）

6．执行 M02 指令后，停止所有动作，并且光标返回程序起始位置。（　　）

7．M99 指令用于子程序调用结束并返回其主程序。（　　）

8．G98 指令表示每分钟进给量，单位为 r/min。（　　）

9．在建立新程序时，新程序的程序号必须是存储器中没有的程序号。（　　）

10．“X84.0;”是一个正确的程序段。（　　）

11．准备功能指令用来规定刀具和工件的相对运动轨迹、工件坐标系、坐标平面、刀具补偿、坐标偏置等。（　　）

12．M99 指令与 M30 指令的功能是一致的，它们都能使数控车床停止一切动作。（　　）

13．在 FANUC 系统中，“T0101”和“T0201”指令使用的刀具补偿号是相同的。（　　）

14．G00、G01、G02、G03 和 G04 都是模态指令。（　　）

15．不同系统的 G 指令并不一致，即使同型号的数控系统，G 指令也未必完全相同，一定以系统的说明书所规定的指令进行编程。（　　）

16．辅助功能指令用于控制数控车床辅助动作开关和状态。辅助功能指令由 M 及其后面的数字组成。（　　）

四、思考题

1．M02 指令与 M30 指令有什么区别？

2. 简述利用数控车图形模拟功能验证加工程序的操作步骤。

任务4 数控车床的工件坐标系

一、填空题（请将正确答案填在空白处）

1. 标准的机床坐标系采用________坐标系。

2. 标准规定，直线进给坐标轴用________表示，称为基本坐标轴。

3. 机床参考点是用于对机床运动进行________和________的固定位置点。

4. 在数控车床上加工工件，必须保证工件和车刀之间具有准确的________位置。

5. 数控车床的刀具补偿功能是用来补偿刀具________与________之差的一种功能。

6. 数控车床的刀具补偿功能主要分为________和________两种。

7. ________是编制加工程序中用以表示刀具特征的点，也是对刀和加工的________。

8. 数控编程时用________的运动来描述刀具的运动，所形成的轨迹称为________。

二、选择题（请在下列选项中选择一个正确答案并填在括号内）

1. 为了确定机床运动部件的运动方向和移动距离，需要在机床上建立（　　）坐标系。

A. 机床　　B. 工件　　C. 绝对　　D. 相对

2. 标准规定刀具远离工件的方向为坐标轴的（　　）方向。

A. 正　　B. 负　　C. 绝对　　D. 相对

3. 绕机床（　　）轴旋转的坐标轴称为 C 轴。

A. X　　B. Y　　C. Z　　D. U

4.（　　）是机床上的一个特殊位置点，通常位于机床滑板正向移动的极限点位置。

A. 机床原点　　B. 工件原点　　C. 机床参考点　　D. 编程原点

三、判断题（判断正误并在括号内填√或×）

1. 确定机床坐标轴时，一般先确定 X 轴。（　　）

2. 标准规定，平行于机床主轴的刀具运动坐标轴为 Z 轴，并且取刀具远离工件的方向为 Z 轴负方向。（　　）

3. 工件坐标系原点是数控机床进行加工运动的基准参考点。（　　）

4. 工件坐标系原点可以选在工件上的任何一点。（　　）

四、思考题

1. 数控车床的坐标轴是如何确定的?

2. 如何在数控车床上进行对刀?

3. 简述刀具补偿功能的作用。

模块二　外圆与端面加工

任务 1　轴类零件加工

一、填空题（请将正确答案填在空白处）

1. 数控车床主要用于加工____________，其中最常见、最基本的加工是____________和______________。

2. G00 指令是________指令，其含义是____。

3. 数控车床的固定循环指令一般分为_________________指令和___________________指令。

4. 数控车床编程时按坐标值的不同可分为________________编程和________________编程两种。

5. G01 指令是________指令，是指刀具以进给功能 F 指定的进给速度沿直线从起始点加工到目标点。

6. G90 指令的格式是___________________________，其中 X__、Z__表示____________________，U__、W__表示____________________。

7. 如图 2-1-1 所示，刀具从 A 点快进到 B 点，使用绝对值编程为________________，使用增量值编程为____________________。

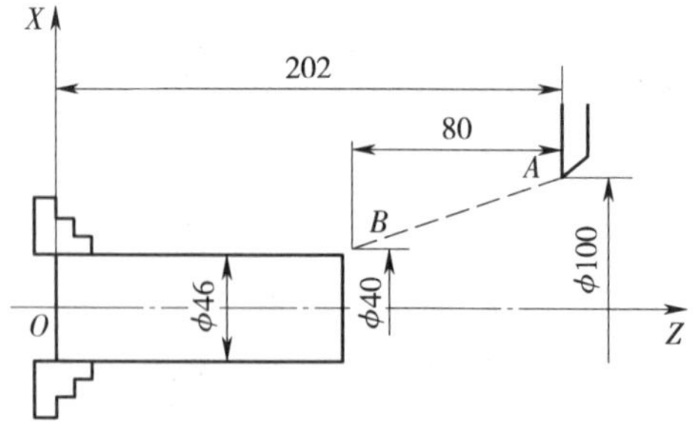

图 2-1-1

8. 数控车床在外圆加工过程中，台阶端面出现倾斜的原因有__________、__________、______________。

9. G01 指令后的坐标值取______________编程还是____________编程，由编程者根据实际情况决定。

10. 在指令“G71 Pns Qnf UΔu WΔw F__ S__ T__；”中，ns 表示________________，nf 表示________________，Δu 表示________________，Δw 表示________________。

11．为了简化编程，数控系统常采用____________________，以缩短程序长度和减少程序所占内存。

二、选择题（请在下列选项中选择一个正确答案并填在括号内）

1．在 G00 指令“G00 X(U)__ Z(W)__；”中，X__、Z__代表（　　）。

A．绝对坐标　　B．增量坐标

C．字母　　D．坐标轴

2．在 G00 指令“G00 X(U)__ Z(W)__；”中，X 后面的数值一般表示（　　）。

A．半径值　　B．直径值

C．轴向值　　D．坐标值

3．G00 指令的含义是（　　）。

A．圆弧插补　　B．快速定位

C．直线插补　　D．循环指令

4．G01 指令的含义是（　　）。

A．圆弧插补　　B．快速定位

C．直线插补　　D．循环指令

5．用数控车床加工外圆时，出现外圆尺寸超差可能是因为（　　）。

A．程序错误　　B．进给量过大

C．切削速度过低　　D．刀尖高度不合适

6．用数控车床加工外圆时，外圆表面粗糙度值太大可能是因为（　　）。

A．程序错误　　B．进给量过大

C．切削速度过低　　D．工件刚度不足

三、判断题（判断正误并在括号内填√或×）

1．在数控车床上进行外圆加工时，加工中不会产生太大的切削力。（　　）

2．用数控车床车外圆时，若主切削力的方向与工件的轴线不重合，将会影响工件的稳固性。（　　）

3．G00 程序段中不需编写 F 指令。（　　）

4．G00 指令使刀具以机床规定的速度快速移到目标点，它与前一个程序段中的进给速度无关。（　　）

5．G00 指令运行时，刀具由起点快速移动，到达终点后立即停止。（　　）

6．刀具补偿程序段内必须有 G00 或 G01 指令才有效。（　　）

7．G00 指令的格式是“G00 X(U)__ Z(W)__ F__；”。（　　）

8．用数控车床车削台阶面时，不需使用刀具补偿功能。（　　）

9．在 FANUC 数控车床上，指令“G01 X__ W__；”的书写格式是正确的。（　　）

10．同一工件，无论用数控车床加工还是用普通车床加工，其工序都一样。（　　）

11．F 指令是模态指令，在没有新的 F 指令前一直有效，不必在每个程序段中都写入 F 指令。（　　）

12．G90 指令每一步走刀加工结束后刀具均返回起刀点。（　　）

13．在内外径复合形状粗车固定循环指令 G71 中，参数精车余量 Δu 在加工外轮廓时为正值，加工内轮廓时为负值。 （ ）

四、思考题

1．在数控车床上加工外圆时一般采用哪些装夹方式?

2．说明内外径复合形状粗车固定循环指令 G71 的功能、格式和各参数的含义。

3．简述用数控车床加工外圆时，外圆尺寸超差的原因和解决方法。

4．简述用数控车床加工外圆时，外圆表面质量差的原因和解决方法。

五、编程题

1．加工图 2–1–2 所示的工件，试使用 G00、G01 指令编写加工程序。

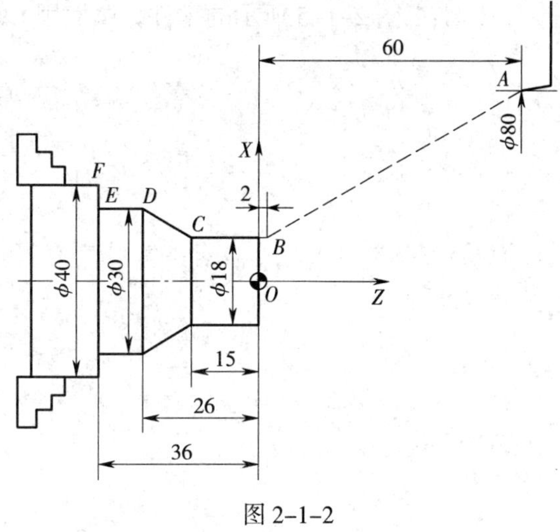

图 2–1–2

2．加工图 2–1–3 所示的工件，试使用 G90 指令编写加工程序。

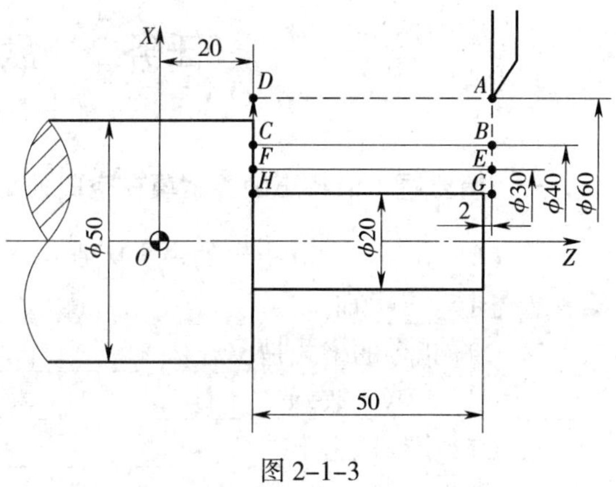

图 2–1–3

3．加工图 2–1–4 所示的工件，试使用 G71、G70 指令编写加工程序。

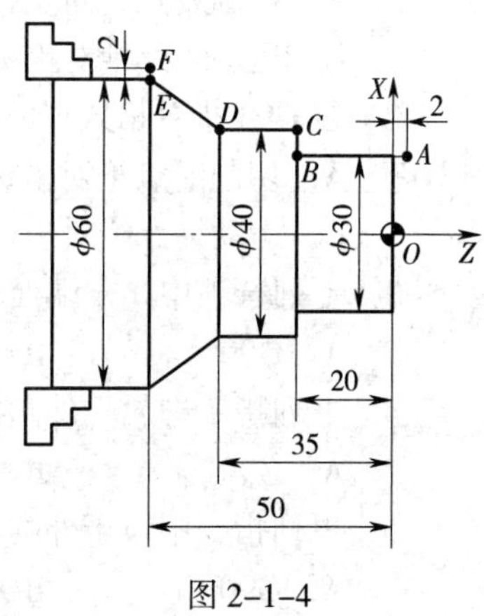

图 2–1–4

4．加工图 2–1–5 所示的工件，试使用 G90 指令编写加工程序。

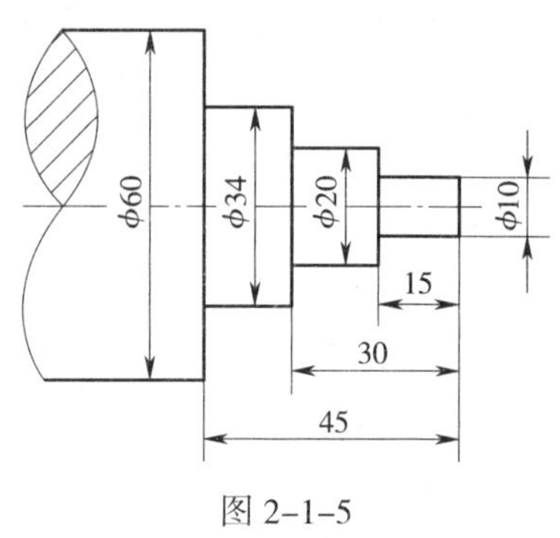

图 2–1–5

任务 2　盘类零件加工

一、填空题（请将正确答案填在空白处）

1．G94 指令与 G90 指令的最大区别在于，G94 指令第一步先走______轴，而 G90 指令第一步先走______轴。

2．G94 指令的格式是________________________________，其中 X__、Z__表示______________，U__、W__表示________________。

3．G72 指令适用于____的粗车。

二、选择题（请在下列选项中选择一个正确答案并填在括号内）

1．在 G94 指令格式“G94 X（U）__ Z（W）__ F__；”中，X__、Z__表示（　　）。

A．切削终点绝对坐标　　B．切削终点增量坐标

C．运动终点绝对坐标　　D．运动终点增量坐标

2．在 G94 指令格式“G94 X（U）__ Z（W）__ F__；”中，U__、W__表示（　　）。

A．切削终点绝对坐标　　B．切削终点增量坐标

C．运动终点绝对坐标　　D．运动终点增量坐标

3．下列选项中属于端面单一形状切削固定循环指令的是（　　）。

A．G90　　B．G94　　C．G71　　D．G72

4．下列指令中属于外圆复合形状粗车固定循环指令的是（　　）。

A．G90　　B．G94　　C．G71　　D．G72

5．下列指令中属于外圆单一形状切削固定循环指令的是（　　）。

A．G90　　B．G94　　C．G21　　D．G72

6. 数控车床的端面复合形状粗车固定循环指令是（　　）。

A. G90　　B. G94　　C. G71　　D. G72

7. 数控车床的复合形状精车固定循环指令是（　　）。

A. G70　　B. G71　　C. G72　　D. G73

8. “G71 Pns Qnf UΔu WΔw F__ S__ T__；”中的 Δu 表示（　　）。

A. Z 向精加工余量　　B. X 向精加工余量

C. 每次径向背吃刀量　　D. 总径向背吃刀量

9. “G72 Pns Qnf UΔu WΔw F__ S__ T__；”中的 Δu 表示（　　）。

A. Z 向精加工余量　　B. X 向精加工余量

C. X 向总加工余量　　D. Z 向总加工余量

10. 用数控车床加工端面时，端面中心处出现凸台可能是因为（　　）。

A. 程序错误　　B. 进给量过大

C. 切削速度过低　　D. 刀具不锋利

11. 在车床数控系统中，能进行恒线速度控制的指令为（　　）。

A. G99 S__　　B. G96 S__

C. G01 F__　　D. G98 S__

三、判断题（判断正误并在括号内填√或×）

1. 在复合固定循环指令执行中，除快速进给外，只有一种进给速度。（　　）

2. 复合形状固定循环指令应用于非一次加工即能达到规定尺寸的情况。（　　）

3. G90 指令主要用于零件端面切削循环。（　　）

4. G72 指令主要用于用棒料车削台阶较大的轴。（　　）

5. 使用 G71 指令进行粗加工时，在 ns ~ nf 程序段中的 F、S、T 是有效的。（　　）

6. 在精车程序 G70 状态下，在 ns ~ nf 程序段中指定的 F、S、T 无效。（　　）

7. 在精车程序 G70 状态下，在 ns ~ nf 程序段中不指定 F、S、T 时，粗车循环中指定的 F、S、T 有效。（　　）

8. 用数控车床加工端面时，只允许凸，不允许凹。（　　）

9. 刀具补偿功能包括刀具补偿的建立和刀具补偿的执行两个阶段。（　　）

10. 外圆粗车循环方式适用于加工已基本铸造或锻造成型的工件。（　　）

11. 用数控车床加工端面时，对端面凹凸不做任何规定。（　　）

四、思考题

1. 简述 G72 指令的应用范围和优点。

2．简述 G72 指令的格式及其参数的含义。

3．简述用数控车床加工工件端面时长度尺寸超差的原因及其解决方法。

4．用数控车床加工工件端面时，工件端面出现凹凸不平的原因有哪些？

五、编程题

工件如图 2–2–1 所示。加工工艺相关要求如下：粗车时背吃刀量为 1 mm，进给速度为 100 mm/min，主轴转速为 500 r/min，精加工余量为 0.1 mm（X 向）和 0.2 mm（Z 向）。试使用 G72 指令编写粗加工程序。

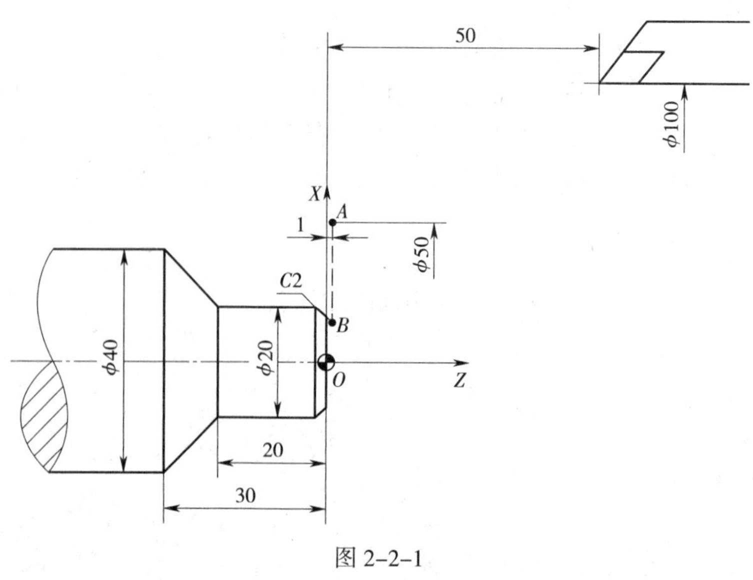

图 2–2–1

模块三　圆锥面与圆弧加工

任务 1　圆锥面加工

一、填空题（请将正确答案填在空白处）

1．刀具几何补偿是在加工中考虑刀具的__________，从而使刀具的刀尖沿着编程中设定的加工轨迹运动。

2．数控车床中的刀具补偿分为_______________和_________________。

3．刀尖圆弧半径左补偿指令为_______，刀尖圆弧半径右补偿指令为_______。

4．在数控车床加工程序中位置补偿用指定的 T 指令实现，在 T 指令后的四位数字中，前两位为_____________，后两位为_____________。

5．刀具补偿号实际上是刀具补偿寄存器的地址号，该寄存器中存放_____________和_____________。

6．加工圆锥面或圆弧面时，刀具切削点在刀尖圆弧上会变动，从而产生__________的现象，导致出现加工表面的形状误差。

二、选择题（请在下列选项中选择一个正确答案并填在括号内）

1．在准备功能 G 指令中，能使数控车床做某种运动的一组指令是（　　）。

A．G00 G01 G02 G03 G40 G41 G42　　B．G00 G01 G02 G03 G90 G91 G92

C．G00 G04 G18 G19 G40 G41 G42　　D．G01 G02 G03 G17 G40 G41 G42

2．在数控加工中，刀具补偿功能除对刀尖圆弧半径进行补偿外，在用同一把刀进行粗精加工时，还可进行加工余量的补偿。设刀尖圆弧半径为 r，精加工的半径方向余量为 Δ，则最后一次粗加工走刀的半径补偿量为（　　）。

A．r　　B．Δ　　C．$r+\Delta$　　D．$2r+\Delta$

3．FANUC 系列数控系统操作面板上显示报警号的功能键是（　　）。

A．DGNOS/PARAM　　B．POS

C．OPR/ALARM　　D．MENU OFFSET

4．影响数控车床加工精度的因素有很多，要提高工件的加工质量有很多措施，但（　　）不能提高加工精度。

A．将绝对编程改为增量编程　　B．正确选择车刀类型

C．控制刀尖中心高度误差　　D．减小刀尖圆弧半径对加工的影响

5．在数控系统中，（　　）指令在加工过程中是模态的。

A．G01、F　　B．G27、G28　　C．G04　　D．M02

6. 在车床数控系统中，下列 5 个指令中正确的是（　　）。

① G42 G00 X__ Z__

② G41 G01 X__ Z__ F__

③ G40 G02 Z__

④ G40 G00 X__ Z__

⑤ G42 G03 X__ Z__

A. ①②④　　B. ②④⑤

C. ②③⑤　　D. ②③④

7. G41 指令用来对（　　）进行补偿。

A. 刀尖位置　　B. 刀尖圆弧半径

C. 刀具长度　　D. 刀具宽度

三、判断题（判断正误并在括号内填 √ 或 ×）

1. 刀具补偿号实际上是刀具补偿寄存器的地址号，在该寄存器中存放刀具的几何偏置量和磨损偏置量。（　　）

2. 刀具补偿号可以是 00 ~ 32 中的任意一个数，刀具补偿号为 00 时，表示不进行刀具补偿或取消刀具补偿。（　　）

3. G41 指令不能与圆弧切削指令写在同一程序段内。（　　）

4. G41、G42 指令是模态指令，G40 指令是非模态指令。（　　）

5. 补偿值可通过面板上的功能键 OFFSET 分别设定，修改并输入数控车床控制系统中，也可用程序指令输入。（　　）

6. 一个程序段中可以编入多个 G、M 指令，但只能有一个 F、S、T 指令。若下一个程序段中出现多个 F、S、T 指令，则最后一个有效。（　　）

7. 在调用新刀具前或更改刀具补偿方向时，中间必须取消刀具补偿，以避免产生加工误差。（　　）

8. 刀尖圆弧半径补偿是一种平面补偿，而不是轴的补偿。（　　）

9. 根据刀尖和刀尖位置的不同，数控车床刀具的刀尖号位置共有 8 种。（　　）

四、思考题

1. 简述刀尖圆弧半径补偿的意义。

2. 编程时，如何判别刀尖圆弧半径补偿的偏置方向？

任务 2　圆锥体零件加工

一、填空题（请将正确答案填在空白处）

1．消除车锥度时产生误差的方法是使用________________，编程者只需按工件轮廓线编程即可。

2．加工锥面时可以使用______________指令和______________指令。

3．R 为圆锥面部分大端与小端的半径差，以增量值表示，其正负符号取决于加工圆锥面起始点位置，即起始点坐标 X 值______________终点坐标 X 值时 R 为正，反之为负。

4．计算锥度的公式为 $C=2\tan\frac{\alpha}{2}=(D-d)/L$，其中 α 为圆锥角，D 为_____，d 为______，L 为________。

5．车刀安装在刀架上，一般伸出刀架的长度为刀柄厚度的 1 ~ 1.5 倍，不宜过长，伸出过长会使刀柄______变低，切削时易产生振动。

6．数控车床上车刀刀柄中心线应与进给方向垂直，否则会使________角和________角的数值发生变化。

二、选择题（请在下列选项中选择一个正确答案并填在括号内）

1．检验一般精度的圆锥面角度时常采用（　　）。

A．千分尺　　B．锥形量规

C．万能角度尺　　D．游标卡尺

2．使用正弦规测量时，在正弦规的一个圆柱下垫上一组量块，量块组的高度可根据被测工件的圆锥角通过（　　）获得。

A．计算　　B．测量

C．校准　　D．查表

3．测量外圆锥体的量具有检验平板、两个直径相同的圆柱形检验棒、（　　）等。

A．直角尺　　B．深度卡尺

C．千分尺　　D．钢直尺

4．测量外圆锥体时，将工件的小端立在检验平板上，两量棒放在平板上紧靠工件，用千分尺测出两量棒之间的距离，通过（　　）即可间接得出工件小端直径。

A．换算　　B．测量　　C．比较　　D．调整

三、判断题（判断正误并在括号内填√或 ×）

1．G94 指令属于准备功能指令，其功能是锥面循环加工。（　　）

2．在 FANUC 系统中，G70 指令用于精车循环。（　　）

3．加工锥面时，切削过程中出现干涉现象可能是由于工件斜度大于刀具后角。（　　）

4．加工锥面装刀时无须确保刀尖与工件中心等高。（　　）

四、思考题

1．说明 G90、G94 指令的功能。

2．圆锥面单一切削固定循环指令 G90 与圆锥端面单一切削固定循环指令 G94 的走刀路线有什么区别？

五、编程题

分别用 G01 指令和 G90 指令编制图 3-2-1 所示工件的加工程序，材料为 45 钢。

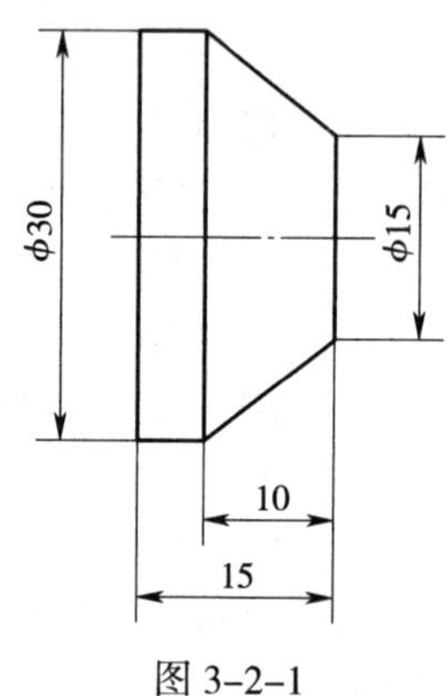

图 3-2-1

任务 3　球头零件加工

一、填空题（请将正确答案填在空白处）

1．圆弧插补指令有__________、________。顺时针圆弧插补应用________，逆时针圆弧插补应用__________。

2．圆弧插补指令程序段中 I、K 的数值应为____________值，不能为__________值。

二、选择题（请在下列选项中选择一个正确答案并填在括号内）

1．用 FANUC 系统加工图 3–3–1 所示的工件，下列程序段中正确的是（　　）。

A．G02 U20.0 W–10.0 I10.0 K0;

B．G02 X40.0 Z–40.0 I–10.0 K0;

C．G91 G02 U20.0 W–10.0 R10.0;

D．G90 G02 X40.0 Z–40.0 I–10.0 K0;

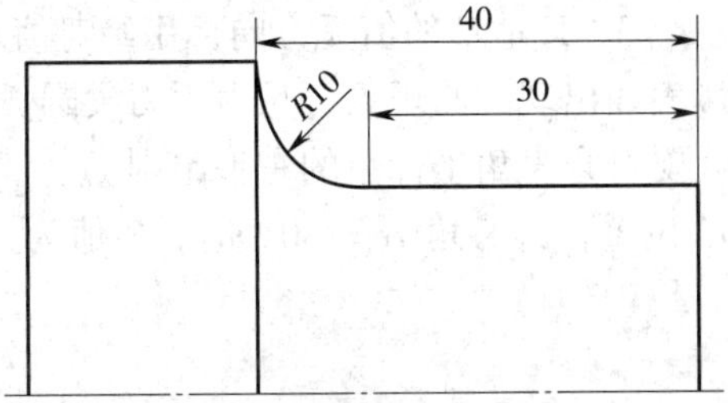

图 3–3–1

2．车外圆时，切削速度计算公式中的直径 D 是指（　　）直径。

A．待加工表面　　B．加工表面

C．已加工表面　　D．内表面

3．在数控系统中，（　　）指令在加工过程中是非模态的。

A．G91　　B．G01

C．G04　　D．G02

4．刀尖圆弧半径增大，使径向力（　　）。

A．不变　　B．有所增大

C．有所减小　　D．为零

5．圆弧插补用半径编程时，若圆弧对应的圆心角大于 180°，则 R 为（　　）。

A．负值　　B．正值

C．正值、负值均可　　D．零

6．判断数控车床（只有 X、Z 轴）圆弧插补的顺逆时，观察者从与圆弧所在平面垂直的坐标轴（Y 轴）的正方向看该圆弧，顺时针方向为 G02，逆时针方向为 G03。通常，圆弧的顺逆方向判别与刀架位置有关，如图 3–3–2 所示。下列说法正确的是（　　）。

A．图 a 表示刀架在机床内侧的情况

B．图 b 表示刀架在机床外侧的情况

C．图 b 表示刀架在机床内侧的情况

D．以上选项均不正确

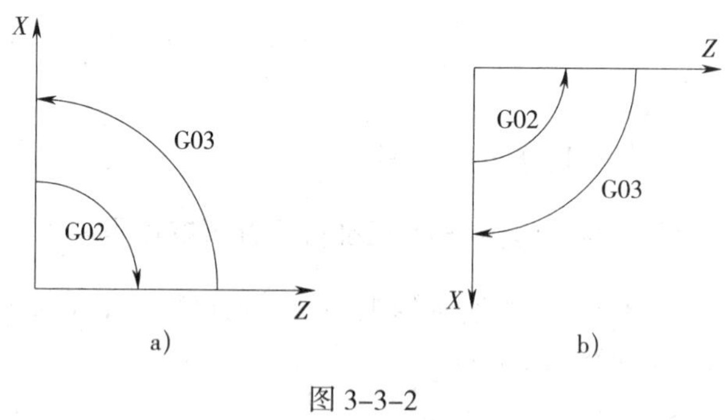

图 3–3–2

三、判断题（判断正误并在括号内填 √ 或 ×）

1．数控加工中进行圆弧编程，通常既可以用圆心编程也可以用半径编程。（　　）

2．在圆弧插补指令中，I、J、K 地址的值无方向，用绝对值表示。（　　）

3．加工圆弧时，若圆弧表面出现凹凸现象，是由于刀尖圆弧半径没有补偿。（　　）

4．圆弧顺逆方向的判断要符合直角坐标系的右手定则。（　　）

5．当用半径 R 指定圆心位置，圆心角 α =180° 时，R 值为正。（　　）

四、思考题

1．说明 G02、G03 指令的功能和判断方法。

2．说明复合形状粗车固定循环指令 G73 的格式、功能和各参数的含义。

五、编程题

1．使用 G73 指令编制图 3–3–3 所示工件的加工程序，材料为 45 钢。

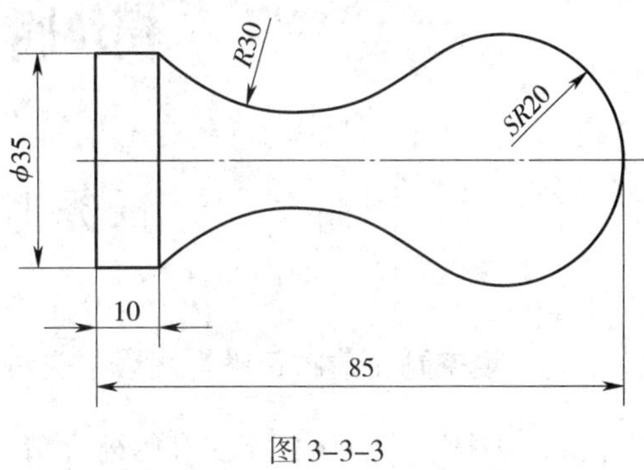

图 3–3–3

2．加工图 3–3–4 所示的工件，毛坯为 ϕ100 mm×150 mm 的 45 钢棒料，试编写加工程序。

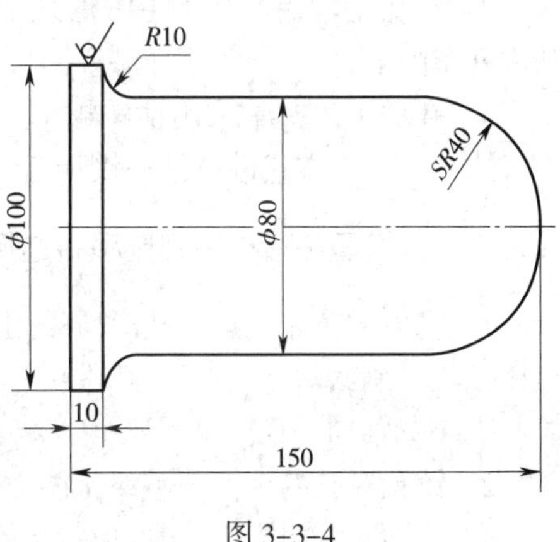

图 3–3–4

3．加工图 3–3–5 所示的工件，毛坯为 ϕ54 mm×100 mm 的 45 钢棒料，试编写粗精加工程序。

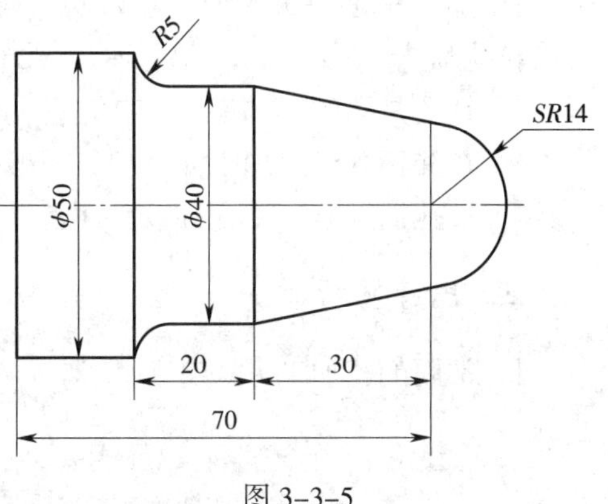

图 3–3–5

模块四　孔　加　工

任务 1　阶梯孔加工

一、填空题（请将正确答案填在空白处）

1. 铰刀用于对中小直径的孔进行精加工，一般加工精度可达__________，表面粗糙度 *Ra* 值可达____________。

2. 车孔的加工精度可达__________，表面粗糙度 *Ra* 值可达__________。

3. 车孔是常用的孔加工方法之一，车孔的关键技术是解决内孔车刀的__________问题和内孔车削中的__________问题。

4. 孔加工工艺常采用钻→粗车（镗）→精车（镗）的方式，孔径较小时可采用______方式或________方式进行钻→铰加工。

二、选择题（请在下列选项中选择一个正确答案并填在括号内）

1. 在数控车床上加工孔时应采用（　　）退刀方式。

A. 斜线　　B. 径向→轴向

C. 轴向→径向　　D. 以上选项均正确

2. 铰孔对孔的（　　）纠正能力较差。

A. 尺寸精度　　B. 形状精度　　C. 位置精度　　D. 表面粗糙度

三、判断题（判断正误并在括号内填 √ 或 ×）

1. 加工精度等级为 IT8 ~ IT7、直径小于 10 mm 的孔时，常采用钻孔、扩孔及一次或二次铰孔工艺。（　　）

2. 钻孔是孔的粗加工，扩孔是孔的半精加工，铰孔是孔的精加工。（　　）

3. 在加工孔时出现干涉现象，一般是由于刀具参数不正确或刀具安装不正确。（　　）

4. 铰孔退刀时，不允许铰刀倒转。（　　）

四、思考题

1. 常用的孔加工方法有哪些？

2．内孔车刀的安装注意事项有哪些？

3．孔加工工艺特点是什么？

五、编程题

编制图 4–1–1 所示工件的加工程序，材料为 45 钢。

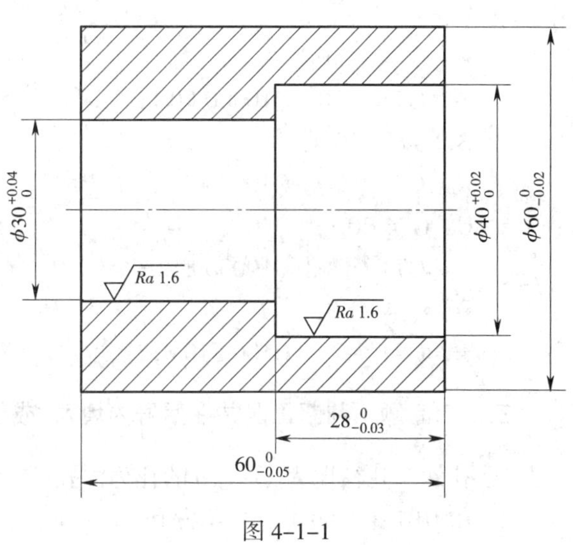

图 4–1–1

任务 2　深 孔 加 工

一、填空题（请将正确答案填在空白处）

1．对于较深的孔，最好采用深孔钻削复合循环指令______________进行加工。

2．解释各参数的含义：G74 R$\underline{e}$ 中的 e 为____________；G74 Z（W）_ Q$\underline{\Delta k}$ 中的 Z 为______________，Δk 为______________。

3．在机械加工中通常把孔深与孔径之比大于________的孔称为深孔。

4．深孔钻是一款专门用于加工深孔的钻头，分为______排屑深孔钻和______排屑深孔钻两类。

5．枪钻适用于加工孔径________ mm、孔深与孔径比大于________的深孔。

6．喷射钻不要求严格的切削液密封装置，适用于钻削孔径________ mm 以上、孔深和孔径比小于________的深孔。

7．调用 G74 指令前应先指定________转速和方向，钻孔时只能使用 M03 指令。

8．深孔钻上的导向块起________和______的作用，可以减小钻孔的偏斜和切削时的振动。

二、选择题（请在下列选项中选择一个正确答案并填在括号内）

1．采用固定循环指令编程可以（ ）。

A．加快切削速度，提高加工质量

B．缩短程序的长度，减少程序所占内存

C．减少换刀次数，提高切削速度

D．减小背吃刀量，保证加工质量

2．在数控车床上加工深 70 mm 的孔，每次钻 10 mm，进给量为 0.1 mm/r，下列程序段中正确的是（ ）。

A．G74 R1.0；
G74 Z-70.0 Q10000 F0.1；

B．G74 R10.0；
G74 Z-70.0 Q1000 F0.1；

C．G74 R0.1；
G74 Z-70.0 Q10000 F1.0；

D．G74 R1.0；
G74 Z-70.0 Q100 F10.0；

三、判断题（判断正误并在括号内填√或 ×）

1．孔深与孔径比为 5 ~ 10 的孔为深孔。（ ）

2．用 G01 指令也可以加工深孔。（ ）

3．用 G74 指令加工深孔可以延长刀具的使用寿命。（ ）

4．冷却、排屑是深孔加工的关键技术。（ ）

5．在孔加工循环指令 G74 中，若无 R 参数，则不执行固定循环。（ ）

6．为了提高车削刚度，防止产生振动，应尽量选择粗的刀柄，装夹时刀柄伸出长度应尽可能短，只要大于孔深即可。（ ）

7．内孔加工过程中，主要通过控制切屑流出方向来解决排屑问题。（ ）

8．刀柄应基本平行于工件轴线，否则在车削到一定深度时刀柄容易碰到工件孔口。（ ）

四、思考题

1．简述深孔加工的特点。

2．深孔钻削复合循环指令 G74 的格式是什么？

五、编程题

建立工件坐标系并编写图 4–2–1 所示孔的数控加工程序，材料为 45 钢。

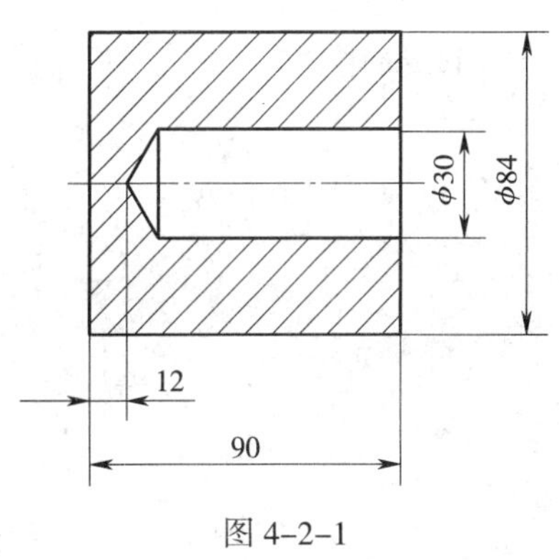

图 4–2–1

任务 3　薄壁套加工

一、填空题（请将正确答案填在空白处）

1．刀柄受孔径和孔深的限制，不能做得又粗又短，因此刀柄的________较低。

2．车削套类工件时，为了保证工件的__________精度，应选择合理的装夹方式和正确的车削方法。

3．胀力心轴依靠材料__________所产生的胀力固定工件。

4．孔加工是在工件内部进行的，不易观察_______情况，特别是小而深的孔，根本无法看清。

二、选择题（请在下列选项中选择一个正确答案并填在括号内）

车削薄壁套工件时应尽量采用（　　）夹具。

A．径向夹紧　　　　B．轴向夹紧

C．径向和轴向夹紧　　　　D．垂直夹紧

三、判断题（判断正误并在括号内填√或×）

1．加工薄壁套工件的关键问题是装夹问题。（　　）

2．为防止和减少加工薄壁套工件时产生的变形，加工时应分粗车和精车，且粗车时应夹松些，精车时应夹紧些。（　　）

3．车削短小薄壁套工件时，为了保证内外圆轴线的同轴度，可用一次装夹完成车削。（　　）

4．工件以外圆为定位基准保证位置精度时，在车床上一般采用软卡爪装夹工件。（　　）

5．车削薄壁套类工件时，由于工件轴向刚度大，不容易产生轴向变形，应尽量不采用径向夹紧，而采用轴向夹紧。（　　）

四、思考题

1．简述套类工件的加工特点。

2．防止和减小薄壁套工件变形的方法是什么？

五、编程题

编制图 4-3-1 所示工件的加工程序，材料为 45 钢。

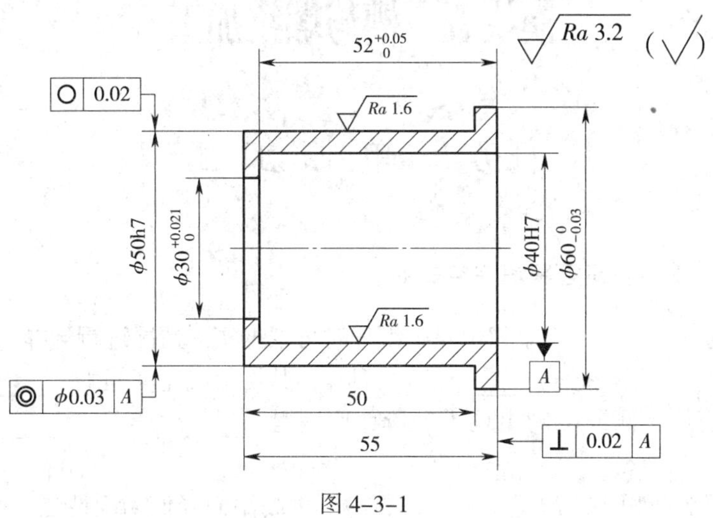

图 4-3-1

模块五　槽与螺纹加工

任务1　单 槽 加 工

一、填空题（请将正确答案填在空白处）

1. 车槽刀通常有________个刀位点，编程时可根据实际情况进行选择。
2. 车槽刀具相当于一把______________刀具，其切削刃宽度等于________________。
3. 车槽中槽的一侧或两侧出现小台阶，原因是__________________________________，或者___________________________。
4. 车槽刀刀头面积小，散热条件差，容易产生高温而降低切削性能，可以选择________________较好的乳化类切削液进行喷注，使刀具充分冷却。
5. 槽根据其加工特点可分为________、________、________、________和________。

二、选择题（请在下列选项中选择一个正确答案并填在括号内）

1. 一般而言，为了有效地降低切削振动，应增大工艺系统的（　　）。

   A．刚度　　B．强度

   C．精度　　D．硬度

2. G75 指令的作用是（　　）。

   A．外圆粗车　　B．端面粗车

   C．深孔钻削　　D．车槽循环

3. 在数控车床上进行槽加工时，切削速度可选外圆切削速度的（　　）。

   A．40% ~ 60%　　B．50% ~ 70%

   C．60% ~ 80%　　D．70% ~ 90%

三、判断题（判断正误并在括号内填 √ 或 ×）

1. 车槽加工程序中不需要说明车槽刀的刀位点。（　　）
2. 车槽时槽底出现倾斜是因为主轴转速过高或过低。（　　）
3. 车削外圆凹槽快速退回换刀点，可用程序“N200 G00 X80.0；N210 Z50.0；”退刀。（　　）
4. 车槽过程中刀具断裂是因为车槽刀比较窄。（　　）
5. 车槽出现槽的两个侧面倾斜的原因是刀具磨损。（　　）

四、思考题

1．车削深槽宜采用怎样的进刀方式？

2．如何消除车槽加工中的振动现象？

3．槽加工一般可采用哪两种装夹方式？

任务2　多 槽 加 工

一、填空题（请将正确答案填在空白处）

1．通过____________指令可以调用子程序。

2．如果子程序结束后没有____________指令，将不能返回主程序。

二、选择题（请在下列选项中选择一个正确答案并填在括号内）

1．可用（　　）指令调用子程序。

A．M　　B．T　　C．C　　D．G

2．子程序调用指令 M98 P50412 的含义为（　　）。

A．调用 504 号子程序 12 次　　B．调用 0412 号子程序 5 次

C．调用 5041 号子程序 2 次　　D．调用 412 号子程序 50 次

三、判断题（判断正误并在括号内填√或 ×）

1．子程序的第一个程序段和最后一个程序段必须用 G00 指令进行定位。（　　）

2．在子程序中，不可以再调用另外的子程序，即不可以调用二重子程序。（　　）

3．在执行主程序的过程中，如果有调用子程序的指令，就执行子程序的指令，执行子程序后，加工就结束了。（　　）

4．一个主程序中只能有一个子程序。（　　）

5．子程序的编写方式必须是增量方式。（　　）

6．一个主程序调用另一个主程序称为主程序嵌套。（　　）

四、思考题

简述图 5–2–1 所示零件的加工工艺方案。

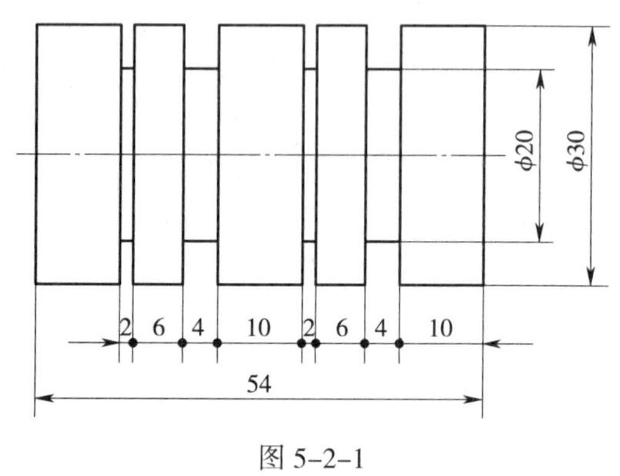

图 5–2–1

五、编程题

图 5–2–1 所示为不等距槽，试应用子程序指令编程。

任务 3　普通螺纹加工

一、填空题（请将正确答案填在空白处）

1. 螺纹的加工是靠______的移动与______回转同步运动来实现的。
2. 螺纹车刀分为____________、____________、____________三种类型。
3. 螺纹加工的进刀方式主要有__________、________、__________三种。
4. 螺纹牙型底部圆弧过大的原因有______________和________________。
5. 高速车螺纹进刀时，应采用________________法。
6. 车螺纹由于切削力较大，常采用________________装夹方式。

二、选择题（请在下列选项中选择一个正确答案并填在括号内）

1.（　　）均为固定循环指令。
   A．G92、G32 和 G90　　B．G90、G32 和 G94
   C．G90、G92 和 G94　　D．G97、G94 和 G92
2. 螺纹切削循环可用（　　）指令。
   A．G90　　B．G91　　C．G92　　D．G94
3. 螺纹牙顶呈刀口状的原因是（　　）。
   A．刀具角度选择错误　　B．螺纹外径尺寸过小
   C．螺纹切削过深　　D．以上选项均正确
4. 能进行螺纹加工的数控车床，一定安装了（　　）。
   A．测速发电机　　B．主轴位置编码器
   C．温度控制器　　D．旋转变压器

三、判断题（判断正误并在括号内填√或 ×）

1. 螺纹切削指令中的地址字 F 是指螺纹的导程。（　　）
2. 数控车床没有安装主轴位置编码器等主轴检测装置也可进行螺纹加工。（　　）
3. 螺纹加工时的导入距离一般应大于一个螺距。（　　）
4. 刃磨车削右旋丝杠的螺纹车刀时，左侧工作后角应大于右侧工作后角。（　　）
5. 螺纹加工程序不需要设置 G96、G97 指令。（　　）
6. 为了提高加工效率，螺纹加工时主轴转速应越高越好。（　　）
7. 可转位数控螺纹车刀每种规格的刀片只能加工一个固定的螺距。（　　）
8. 螺纹车削在保证生产率和正常切削的情况下，应选择较低的主轴转速。（　　）
9. 螺纹牙型底部过宽的原因之一是刀具磨损严重，需重新刃磨或更换刀片。（　　）
10. 螺旋面上沿牙侧各点的螺纹升角都不相等。（　　）
11. 螺纹加工指令 G32 X41.0 W−43.0 F1.5 是以 1.5 mm/min 的速度加工螺纹。（　　）
12. 直进法车螺纹使刀具双侧刃切削，切削力较大，一般用于导程小于 3 mm 的螺纹的

加工。 （ ）

13．车床主轴位置编码器的作用是防止车螺纹时乱扣。 （ ）

14．FANUC 系统程序 G32 W–40.0 F2 中，2 表示螺纹的导程。 （ ）

四、思考题

1．简述三种螺纹加工进刀方式的适用情况。

2．车螺纹时为什么要设置升速进刀段和降速退刀段？

3．为什么说 G92 是最常用的螺纹切削指令？

五、编程题

1．加工图 5–3–1 所示零件，1 号刀具为外圆车刀，2 号刀具为螺纹车刀。要求：（1）精车各面；（2）车螺纹。试编写加工程序。

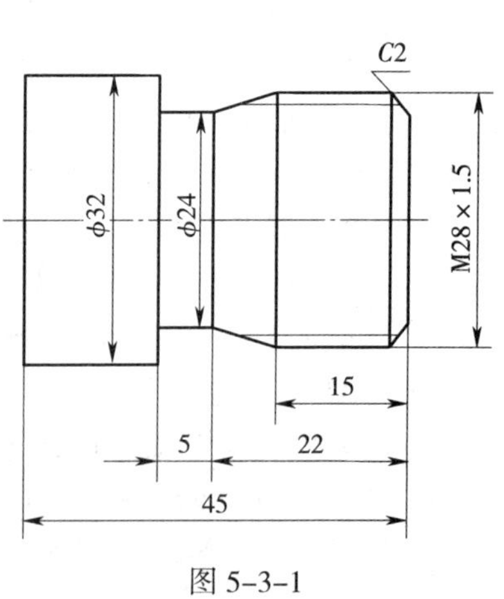

图 5–3–1

2．车削图 5–3–2 所示零件，毛坯直径为 62 mm。试用复合循环指令编写加工程序。

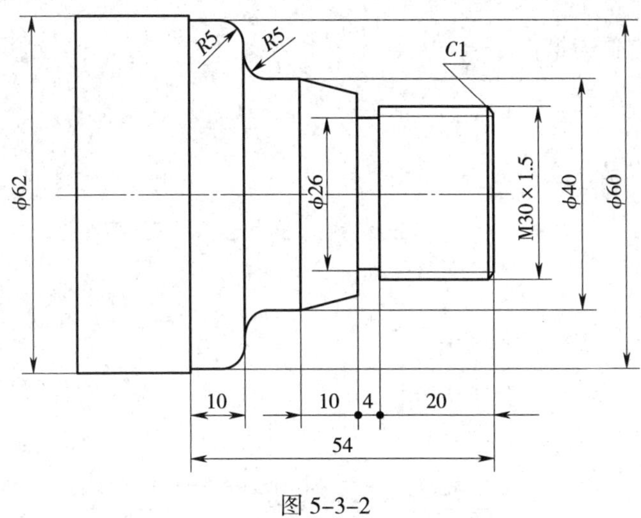

图 5–3–2

任务 4　圆锥螺纹加工

一、填空题（请将正确答案填在空白处）

1．圆锥管螺纹主要用于__________的螺纹连接。

2．在加工过程中，影响圆锥管螺纹密封的主要因素有________、________、________和切削用量，其中最关键的是__________。

3．用数控车床加工圆锥管螺纹，编程计算较复杂，需要计算__________与编程所需的数据之间的关系。

4．螺纹切削固定循环指令 G92 还常用于圆锥螺纹的切削，其中 R 为圆锥螺纹________的半径差，加工圆柱螺纹时为零，可省略。

二、选择题（请在下列选项中选择一个正确答案并填在括号内）

加工圆锥螺纹可用（　　）指令或 G32 指令。

A．G90　　B．G91　　C．G92　　D．G93

三、判断题（判断正误并在括号内填√或×）

圆锥螺纹必须有退刀槽。（　　）

四、思考题

圆锥螺纹的特点是什么？

任务5　多线螺纹加工

一、填空题（请将正确答案填在空白处）

1. 根据多线螺纹在轴向和圆周上等距分布的特点，分线方法有______________和______________两种。

2. G92 指令用于多线螺纹加工时，应采用____________分线方式。

3. 多线螺纹加工时，应选取____________的主轴转速，防止主轴编码器出现过冲现象。

4. 轴向分线法是在车好一条螺旋线之后，将车刀沿螺纹________方向移动一个螺距再车第二条螺旋线，这种方法适合主轴上没有安装位置检测装置的车床。

二、选择题（请在下列选项中选择一个正确答案并填在括号内）

1. 加工多线螺纹可选（　　）指令。
   A．G30　　B．G31　　C．G32　　D．G92
2. 多线螺纹的导程一般较大，故螺纹的升降速段应取（　　）值。
   A．较小　　B．较大　　C．0　　D．任意
3. 采用圆周分线法需要车床主轴具有（　　）功能，每加工完一线螺纹后，主轴旋转一定角度，而起刀点轴向位置不变，接着进行下一线螺纹的加工。
   A．正转　　B．定向　　C．反转　　D．分度

三、判断题（判断正误并在括号内填√或×）

1. 车削多线螺纹或大螺距螺纹时，必须考虑螺旋升角对车刀工作角度的影响。（　　）
2. 利用 G32 指令既可加工英制螺纹，也可加工米制螺纹。（　　）
3. 圆周分线法是根据螺旋线在圆周上等距分布的特点，利用等分圆周来分线。（　　）
4. Q 为螺纹起始角，该值为不带小数点的非模态值，即增量为 0.001°。（　　）

四、思考题

解释多线螺纹切削指令 G32 格式中各字符的含义。

任务 6　梯形螺纹加工

一、填空题（请将正确答案填在空白处）

1．加工梯形螺纹一般采取______________和______________进刀方式，可以有效避免扎刀现象发生。

2．G76 指令主要用于______________、______________、______________螺纹的车削加工。

3．梯形螺纹的代号为字母“________”，其标记为“代号 公称直径 × 螺距”，左旋螺纹需要在标记最后加注“________”，右旋不标注。

二、选择题（请在下列选项中选择一个正确答案并填在括号内）

多重复合螺纹切削指令为（　　）。

A．G73　　B．G74　　C．G75　　D．G76

三、判断题（判断正误并在括号内填 √ 或 ×）

1．加工梯形螺纹时，可选择各种角度的螺纹车刀。（　　）

2．加工梯形螺纹时，应采取直进法切削。（　　）

3．加工螺纹时要选择与螺纹截面形状相同、角度一致的螺纹车刀。（　　）

4．G76 指令的参数中，刀尖角度可以选择 80°、60°、55°、30°、29°和 0°六种中的一种，由两位数规定，该值是模态的。（　　）

四、思考题

说明多重复合螺纹切削指令 G76 的格式、功能及各参数含义。

任务 7　变导程螺纹加工

一、填空题（请将正确答案填在空白处）

1．变导程螺纹是指______________________的螺纹。

2．变导程螺纹分为两种，一种是________________变导程螺纹，另一种是__________变导程螺纹。

二、选择题（请在下列选项中选择一个正确答案并填在括号内）

变导程螺纹切削指令是（　　）。

A．G32　　B．G33　　C．G34　　D．G36

三、判断题（判断正误并在括号内填√或×）

G34 指令也具有自动循环功能。（　　）

四、思考题

G34 指令可用于车削哪些螺纹？

模块六　非圆曲线加工

任务 1　椭圆加工

一、填空题（请将正确答案填在空白处）

1．用户宏程序有________________和________________两种类型。

2．用一个可赋值的代号代替具体的数值，这个代号就称为___________。

3．变量根据变量号可分为___________、___________、___________、_________四种类型。

4．用户宏程序由于允许使用________________、________________和______________及条件转移，使得编制相同加工操作的程序更简洁。

5．宏程序中的 #110 属于________________变量。

6．语句“#i= #j AND #k”的含义是__________________________。

二、选择题（请在下列选项中选择一个正确答案并填在括号内）

1．加工非圆曲线，FANUC 系统用的是（　　）编程。

A．宏程序　　B．参数

C．计算机高级语言　　D．自动

2．在数控车床上加工椭圆常用的方法是（　　）。

A．近似法　　B．等间距法

C．四心法与逼近法　　D．误差分析法

3．在 FANUC 系统的数控车床上，能嵌套宏程序的循环指令是（　　）。

A．G71　　B．G72　　C．G73　　D．G74

4．在 FANUC 数控系统中，可以独立使用并保存计算结果的变量为（　　）变量。

A．空　　B．系统

C．公共　　D．局部

5．条件式运算符 GE 表示的含义是（　　）。

A．大于或等于　　B．等于

C．小于　　D．大于

6．#i=SQRT[#j] 表示（　　）运算。

A．与　　B．大于

C．平方根　　D．加

7．在运算指令中，#i=#j+#k 代表的意义是（　　）。

A．坐标值　　　　B．大于

C．差　　　　D．加

8．在运算指令中，#i=SIN[#j] 代表的意义是（　　）。

A．正弦　　　　B．反正弦

C．平方根　　　　D．余弦

三、判断题（判断正误并在括号内填√或×）

1．空变量等于变量值为 0 的状态。（　　）

2．局部变量在断电后可保持不变。（　　）

3．当使用变量时，变量值可以由程序或 MDI 键盘设定。（　　）

4．当断电时，局部变量被初始化成“空”。（　　）

5．当在程序中定义变量时，小数点不可以省略。（　　）

6．条件表达式可以是两个变量或一个变量和一个常量之间进行比较判定，并且要用方括号“[　]”封闭。（　　）

7．逼近法是采用多段圆弧或直线逼近椭圆，常用的是圆弧逼近。（　　）

8．对于没有赋值的局部变量，其初期状态为“空”，用户不可以自由使用。（　　）

9．公共变量是在主程序以及调用的子程序中通用的变量。（　　）

10．局部变量就是在用户宏程序中局部使用的变量。（　　）

11．宏程序的特点是可以使用变量，变量之间不能进行运算。（　　）

四、思考题

1．用户宏程序的特点有哪些?

2．变量的使用应注意哪些事项?

3．用户宏程序中有哪几种变量？

4．简述 FANUC 0i 系统常用的三种语句的格式及含义。

5．采用直线段逼近非圆曲线有何特点？

6．采用圆弧段逼近非圆曲线有何特点？

五、编程题

加工图 6–1–1 所示的零件，材料为 45 钢，毛坯尺寸为 ϕ65 mm × 120 mm，未注倒角为 C1 mm。要求：（1）编写该零件的加工工艺路线；（2）编写该零件的加工程序。

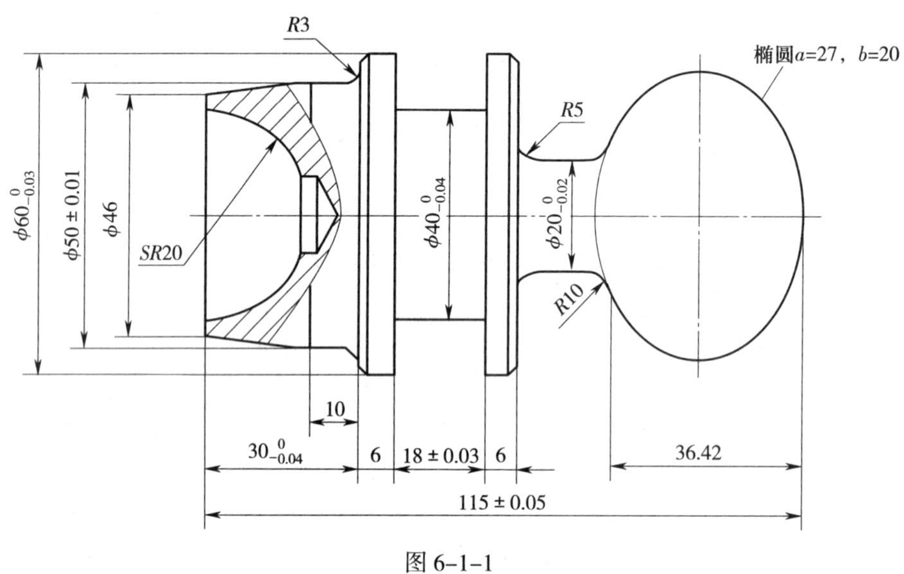

图 6–1–1

任务 2　抛物线加工

一、填空题（请将正确答案填在空白处）

1．G66 指令的含义是________________，G67 指令的含义是______________。

2．G65 P× × × ×　L× × × × 调用宏程序时，如 L 省略则调用______________次。

3．G66 P× × × ×　L× × × × 中，P 表示______________，L 表示______________。

4．变量的具体数值可通过 G65、G66 指令调用宏程序赋值，即为________________。这里使用的是________________变量。

5．G65、G66 指令调用用户宏程序时，数据可通过________________传递到用户宏程序中。

二、选择题（请在下列选项中选择一个正确答案并填在括号内）

1．下列宏程序调用语句中正确的是（　　）。

A．G65 P1010 B2.0 A1.0 M6.0；

B．G65 P1010 L2 J4.0 I5.0；

C．G65 P1010 L3 A1.0 B2.0 G5.0；

D．G65 P1010 K7.0 L6.0 M3.0；

2．下列叙述中正确的是（　　）。

A．使用用户宏命令，必须记忆用户宏主体

B．用户宏命令不可以对变量进行赋值

C．指令 G65 可以实现算术运算和逻辑运算

D．用户宏主体中不可以使用变量

3．在自变量赋值 I 中，自变量 B 对应的变量号是（　　）。

A．#1　　B．#5　　C．#2　　D．#110

4．在自变量赋值 I 中，自变量 F 对应的变量号是（　　）。

A．#8　　B．#9　　C．#10　　D．#11

5．在自变量赋值 I 中，自变量 J 对应的变量号是（　　）。

A．#25　　B．#9　　C．#5　　D．#23

三、判断题（判断正误并在括号内填√或×）

1．用户宏程序是工件加工源程序，通过数控装置运算、判断处理后，转变成工件的加工程序，由主程序随时调用。（　　）

2．用 G66 调用宏程序时，如果该程序段中有移动指令，则先执行完这一移动指令后，再调用宏程序。（　　）

3．在 G66 程序段中，能调用多个宏程序。（　　）

4．自变量只能在 G66 程序段中设定，每次模态调用执行时不再设定局部变量。（　　）

5．用自变量赋值 I 方法赋值时，字母使用时均无顺序要求。（　　）

6．当对同一个变量用 Ⅰ、Ⅱ 两组的引数都赋值时，所有引数赋值均有效。（　　）

四、思考题

1．变量常用的赋值方法有哪两种？ 各有何特点？

2. 用户宏程序有哪几个特征？

五、编程题

加工图 6-2-1 所示的零件，材料为 45 钢，毛坯尺寸为 ϕ65 mm × 110 mm，倒钝锐边。要求：(1) 编写该零件的加工工艺路线；(2) 编写该零件的加工程序。

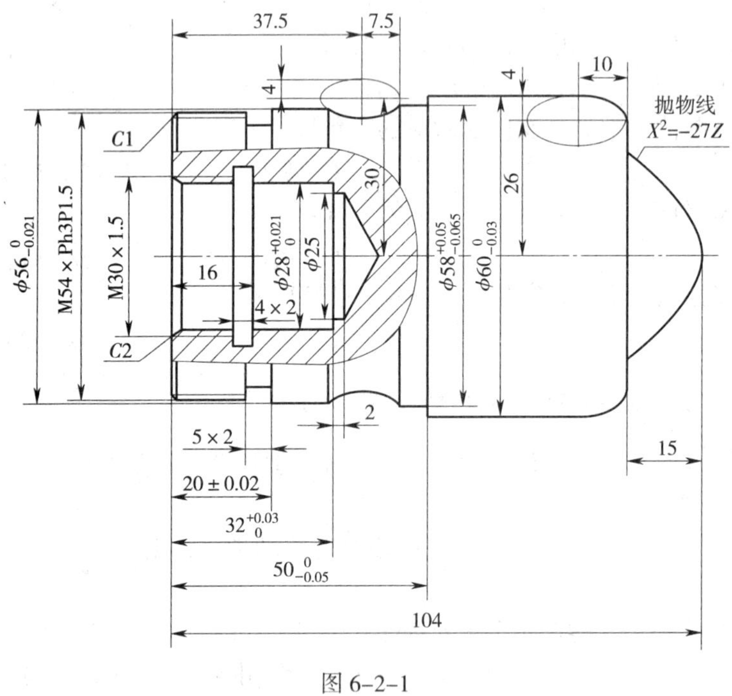

图 6-2-1

模块七　数控车床加工程序综合实例

任务 1　典型零件加工

编程题

1．加工图 7–1–1 所示的零件，毛坯尺寸为 ϕ50 mm × 100 mm，材料为 45 钢，试编制加工程序。

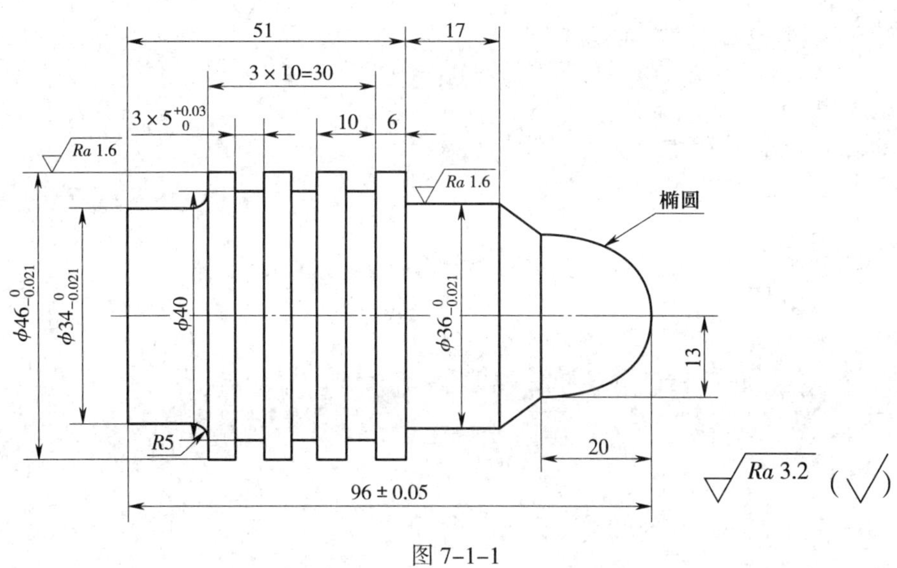

图 7–1–1

2．加工图 7–1–2 所示的零件，材料为 45 钢，试编制加工程序。

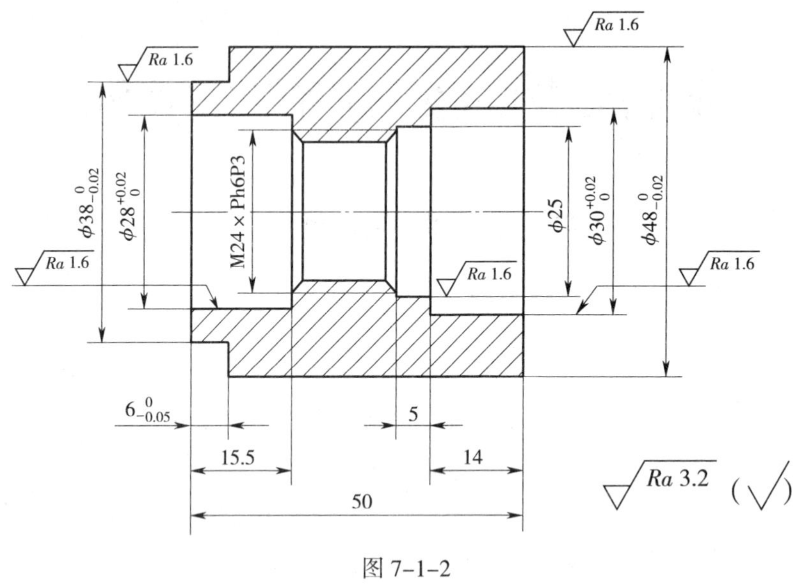

图 7–1–2

任务 2　复杂轴类零件加工

编程题

1. 加工图 7-2-1 所示的零件，材料为 45 钢，试编制加工程序。

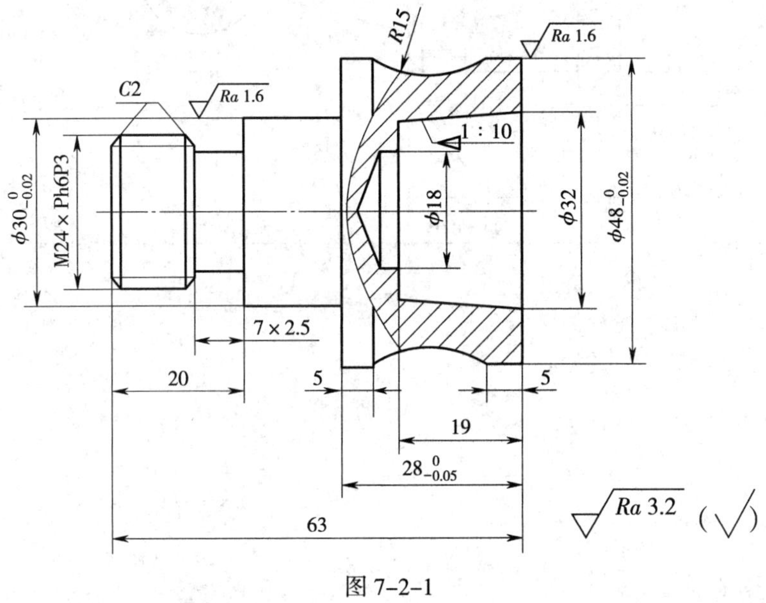

图 7-2-1

2．图 7–2–2 所示为要在数控车床上加工的零件轮廓，毛坯为 ϕ40 mm × 97 mm 的棒料，材料为 45 钢，试编制加工程序。

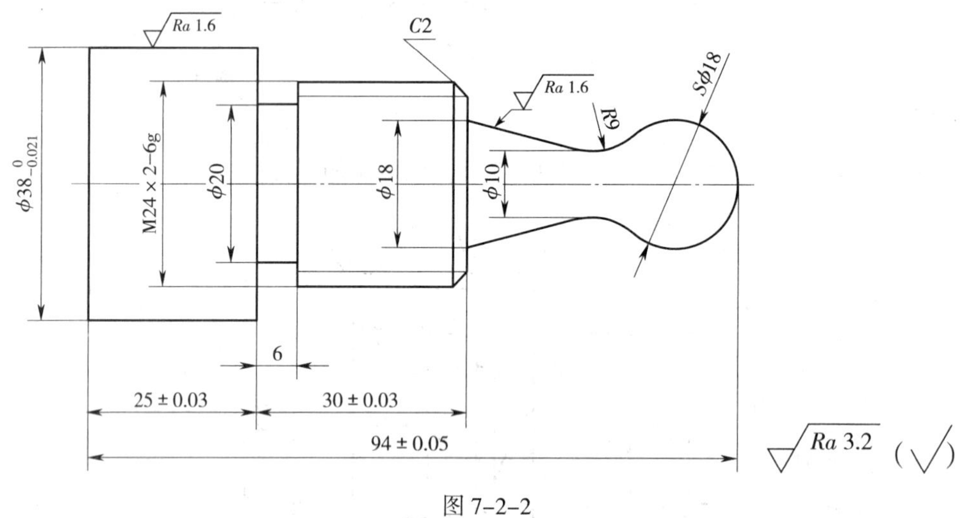

图 7–2–2

任务 3　配合零件加工

编程题

图 7–3–1 所示为要在数控车床上加工的零件轮廓，件 1 与件 2 相配合，毛坯为 ϕ50 mm × 97 mm 和 ϕ50 mm × 46 mm 的棒料，材料为 45 钢，试编制加工程序。

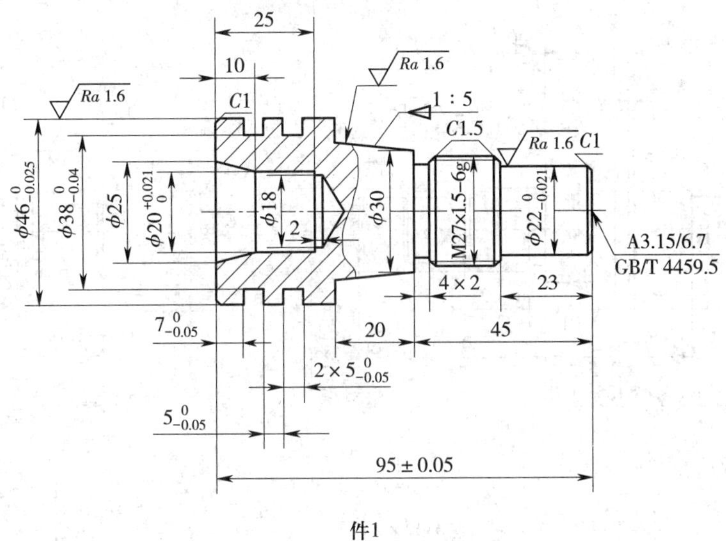

件1

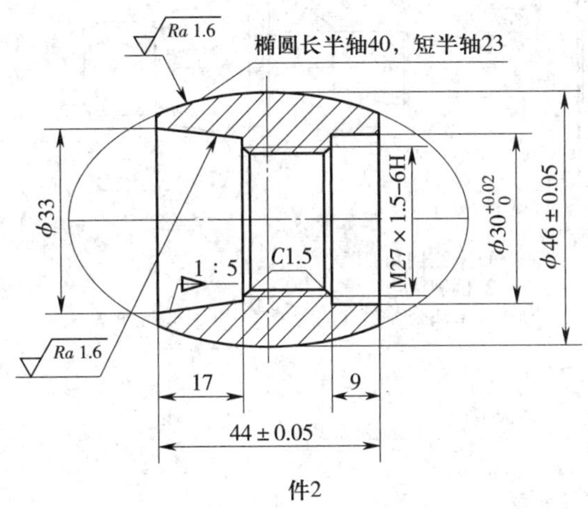

件2

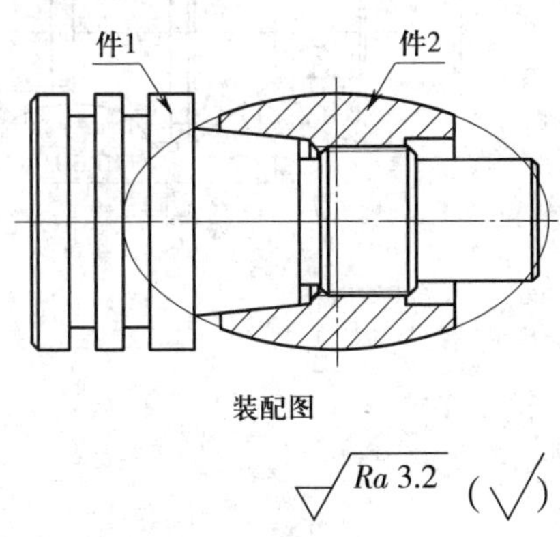

装配图

Ra 3.2 (√)

图 7–3–1

任务 4　双配合零件加工

编程题

图 7–4–1 所示为要在数控车床上加工的零件轮廓，件 1 与件 2 有三处相配合，毛坯为 ϕ60 mm × 200 mm 的棒料，材料为 45 钢，试编制加工程序。

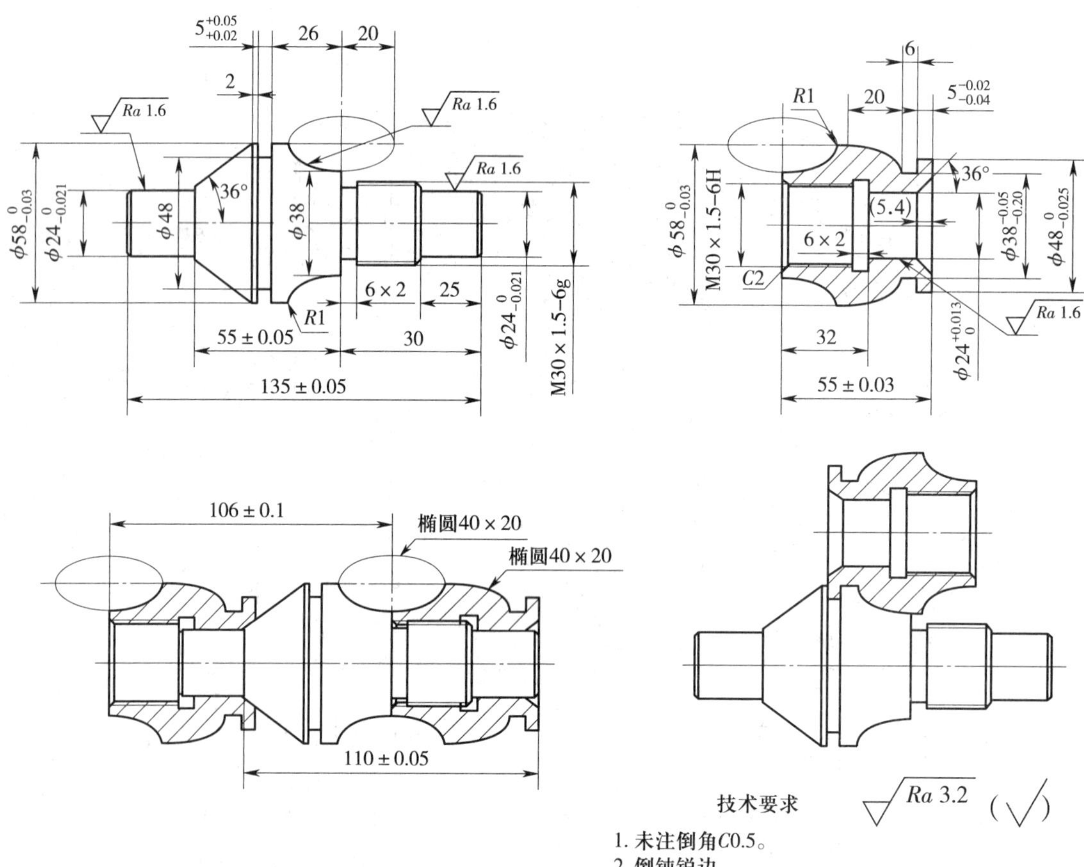

图 7–4–1

模块八　数控车仿真加工

任务 1　数控车仿真软件（上海宇龙）的操作

一、填空题（请将正确答案填在空白处）

1．上海宇龙数控仿真软件含有多种数控系统的数控车、数控铣和加工中心，可以实现对零件车削加工和铣削加工全过程仿真，其中包括毛坯___________，刀具_____________，夹具组合与选用，零件基准测量和设置，数控__________输入、编辑和调试，加工仿真以及各种错误____________功能等。

2．在主窗口屏幕中按住鼠标左键的同时移动鼠标，可实现________、________等操作。

3．单击菜单“机床”→“选择机床…”，弹出“选择机床”对话框，按步骤设置_______________与____________，完成机床选择。

4．各种应用功能都可以通过__________栏和________按钮驱动。

二、选择题（请在下列选项中选择一个正确答案并填在括号内）

数控仿真软件比较适合工厂、企业对新产品的开发和试制工作，减少大量前期准备工作，提高数控机床的（　　）率，缩短了新产品的开发、试制周期。

A．生产　　　　B．利用　　　　C．闲置　　　　D．加工

三、判断题（判断正误并在括号内填√或×）

1．单击工具条中的“控制面板切换”按钮可将主窗口屏幕放大至全屏幕显示，便于自动运行和查看图形轨迹过程中放大观看。（　　）

2．单击“快速登录”按钮或输入用户名和密码，再单击“登录”按钮，进入数控加工仿真系统。（　　）

3．用计算机仿真加工系统进行数控培训，不仅可以迅速提高操作者的操作水平，而且安全可靠、费用低。（　　）

4．主窗口屏幕显示机床及图形轨迹，能动态旋转、缩放、移动，可用“控制面板切换”按钮全屏显示。（　　）

四、思考题

1．简述上海宇龙数控仿真软件仿真加工操作流程。

2. 简述上海宇龙数控仿真软件数控车安装刀具操作步骤（系统与操作面板任选）。

任务 2 典型零件的仿真加工

一、填空题（请将正确答案填在空白处）

1. 常用的车刀材料有＿＿＿＿＿和＿＿＿＿两大类。

2. 从切削用量方面考虑，对刀具使用寿命影响最大的是＿＿＿＿。

3. 选择刀片材质时，主要考虑以下几个因素：硬度、＿＿＿＿、强度和韧性、耐热性、热物理性能和耐热冲击性、经济性等。

二、选择题（请在下列选项中选择一个正确答案并填在括号内）

1. 高速钢是含有钨、铬、钒、钼等合金元素较多的（　　）。
   A. 铸铁　　B. 合金钢　　C. 低碳钢　　D. 高碳钢

2. 钨钛钴类硬质合金由碳化钨、碳化钛和（　　）组成。
   A. 钒　　B. 铌　　C. 钼　　D. 钴

3. 车削时的切削热大部分由（　　）传散出去。
   A. 刀具　　B. 切屑　　C. 工件　　D. 空气

4. 不锈钢材料韧性好，塑性大，切削不锈钢材料时应选用（　　）硬质合金车刀。
   A. 钨钴类　　B. 钨钛钴类
   C. 钨钛钽钴类　　D. 锰类

5. 工件材料相同，车削时温度升高基本相等，其热变形伸长量主要取决于（　　）。
   A. 工件长度　　B. 材料热膨胀系数
   C. 刀具磨损限度　　D. 车床转速

三、判断题（判断正误并在括号内填√或 ×）

1. 应根据具体加工材料和加工任务选择合适的刀柄材料。（　　）

2. 数控车刀刀柄材料的选择对于切削效率和使用寿命至关重要。（　　）

3．涂层刀片通过附加一层涂层，提高了刀片的性能，延长了切削时间和使用寿命。（　　）

4．选择刀片需要了解刀片的材料、硬度、尺寸等多方面因素。（　　）

四、思考题

解释下图中，数控车可转位刀柄上标注的型号及适配刀片型号的含义。

五、编程题

1．如图 8-2-1 所示，毛坯为 ϕ45 mm 的棒料，编制零件的加工程序并完成数控仿真加工。

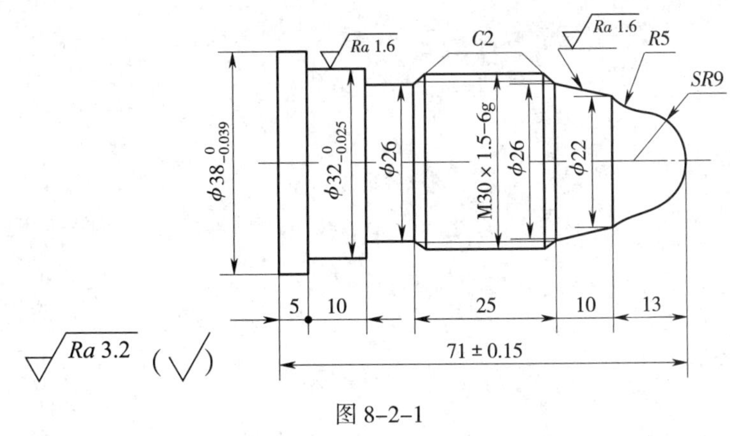

图 8-2-1

2. 如图 8-2-2 所示，毛坯为 ϕ45 mm 的棒料，编制零件的粗精加工程序并完成仿真加工。

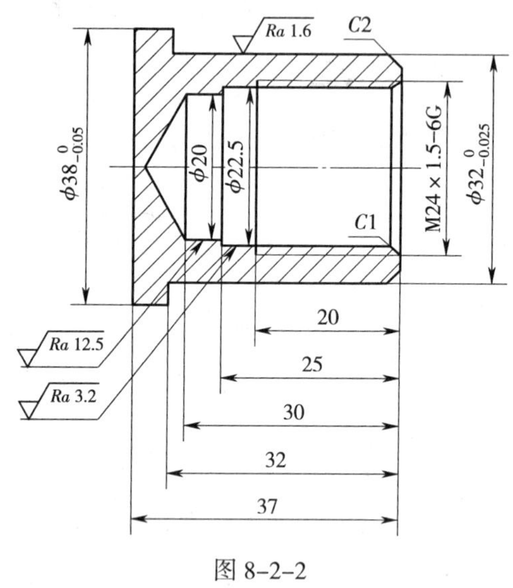

图 8-2-2

模块九　数控车床的安装、调试、维护与保养

任务 1　数控车床的安装

一、填空题（请将正确答案填在空白处）

1．为避免_________、________、________，地基应具有较高的强度和刚度。

2．数控车床的使用环境温度应控制在___________。

3．一般中小型数控车床无须做单独的地基，可采用___________支承。

二、判断题（判断正误并在括号内填√或×）

1．为避免过大的变形，地基应具有一定的质量。（　　）

2．找平工作应选在早晨进行。（　　）

3．获得规定的加工精度的方法有多种，其中试切法可以反复测量试切，因此对操作人员的技术熟练程度要求不高。（　　）

4．衡量数控车床可靠性的指标有平均无故障工作时间、平均排除故障时间及有效度。（　　）

5．定期检查、清洗润滑系统，添加或更换油脂、油液，使丝杠、导轨等运动部件保持良好的润滑状态，目的是降低机械的磨损速度。（　　）

6．数控车床性能评价指标主要是数控装置、主轴系统、进给系统、自动换刀系统。（　　）

7．数控车床必须保证良好的一点型接地。（　　）

三、思考题

1．简述数控车床安装过程。

2. 数控车床拆箱时应要求哪些人员参加？

3. 对于数控车床的安装环境有哪些要求？

4. 数控车床搬运时有哪些要求？

任务2 数控车床的调试

一、填空题（请将正确答案填在空白处）

1. 伺服电动机的反馈信号线接反或断线，会导致数控车床出现__________现象。
2. 数控车床外露的滑动表面一般采用______________润滑。

二、判断题（判断正误并在括号内填 √ 或 ×）

1. 保证数控车床各运动部件间的良好润滑能延长数控车床使用寿命。 （ ）
2. 为维持数控车床工作台润滑良好，自动润滑的油泵应调整至最大供油量。 （ ）

三、思考题

1. 试车的目的是什么?

2. 简述数控车床调试过程。

任务 3　数控车床的维护与保养

一、填空题（请将正确答案填在空白处）

1. 一般维修应包含两方面的含义，一是日常的维护，二是____________________。

2. 点检分为____________、____________、____________三个层次。

二、判断题（判断正误并在括号内填√或 ×）

1. 数控装置内落入了灰尘或金属粉末，容易造成元器件间绝缘电阻下降，从而导致出现故障和元件损坏。（　　）

2. 为了防止尘埃进入数控装置内，电气柜应做成完全密封的。（　　）

3. 天气太热应打开电气柜，让电气柜内部快速散热。（　　）

4. 由于数控车床具有良好的抗干扰能力，电网电压波动不会对其产生影响。（　　）

5. 数控车床加工质量差的主要原因是操作人员失误。（　　）

6. 数控加工的零件表面质量与数控系统的指令脉冲有关。（　　）

7. 长期搁置不用的数控车床必须每天进行空运转。（　　）

8. 零件程序无法储存的原因之一是电池电压太低。（　　）

9. 数控系统的参数是依靠电池维持的，一旦电池电压出现报警，就必须更换电池。（　　）

三、思考题

1. 简述数控车床日常维护保养的重要性。

2．点检的作用是什么？

3．点检主要包括哪些方面？

模块十 综合练习

综合试卷一

一、选择题（每小题 1 分，共 50 分）

1．点位控制数控机床可以是（　　）。

A．数控冲床　B．数控铣床　C．数控车床　D．加工中心

2．要做好数控车床的维护与保养工作，必须（　　）清除导轨副和防护装置上的切屑。

A．每天　B．每小时　C．每周　D．每月

3．下列指令中，（　　）是准备功能指令。

A．G90　B．M03　C．X25　D．S700

4．子程序调用指令 M98 P50412 的含义为（　　）。

A．调用 0412 号子程序 5 次　B．调用 504 号子程序 12 次

C．调用 5041 号子程序 2 次　D．调用 412 号子程序 50 次

5．固定循环与参数编程是编程的一种特殊形式，与一般编程的关系是（　　）。

A．均可代替　B．均不可代替

C．前者不可代替，后者可代替　D．前者可代替，后者不可代替

6．G28、G29 指令的含义为（　　）。

A．G28 返回机床参考点，G29 从机床参考点返回

B．G28 从机床参考点返回，G29 返回机床参考点

C．G28 从机床原点返回，G29 返回机床原点

D．G28 返回机床原点，G29 从机床原点返回

7．安全管理可以保证操作者在工作时的安全，并提供便于工作的（　　）。

A．生产环境　B．生产场地　C．生产空间　D．生产加工

8．数控系统所规定的最小设定单位就是（　　）。

A．脉冲当量　B．数控机床的加工精度

C．数控机床的运动精度　D．数控机床的传动精度

9．确定数控机床坐标轴时，一般应先确定（　　）轴。

A．Z　B．Y　C．X　D．A

10．数控车床的检测反馈装置的作用是：将其测得的（　　）数据迅速反馈给数控装置，以便与加工程序给定的指令值进行比较和处理。

A．角位移或直线位移　B．直线位移

C．角位移　D．直线位移和角位移

11．数控车床工作时，当发生任何异常现象需要紧急处理时应启动（　　）。

A．急停功能　　B．暂停功能

C．程序停止功能　　D．故障检测功能

12．数控车床操作面板上的“DELETE”键的作用是（　　）。

A．删除　　B．复位　　C．输入　　D．启动

13．尺寸链按功能分为设计尺寸链和（　　）尺寸链。

A．工艺　　B．装配　　C．零件　　D．平面

14．数控车床加工选择刀具时一般应优先采用（　　）刀具。

A．标准　　B．专用　　C．复合　　D．简单

15．为了保证数控车床能满足不同的工艺要求，并能够获得最佳切削速度，对主传动系统的要求是（　　）。

A．分段无级变速　　B．变速范围宽

C．无级调速　　D．变速范围宽且能无级变速

16．用于车床开关的辅助功能指令是（　　）指令。

A．M　　B．S　　C．F　　D．T

17．数控机床上有一个机械原点，该点到机床坐标零点在进给坐标轴方向上的距离可以在机床出厂时设定，该点称为（　　）。

A．机床参考点　　B．机床原点

C．工件坐标系原点　　D．机械原点

18．在粗加工和半精加工时一般应留加工余量，如果加工尺寸为 200 mm，加工精度为 IT7，下列半精加工余量中，（　　）mm 相对更为合理。

A．0.5　　B．10　　C．0.01　　D．0.005

19．确定机床坐标系时，一般（　　）。

A．采用笛卡儿坐标系　　B．采用极坐标系

C．用左手判断　　D．先确定 X、Y 轴，再确定 Z 轴

20．在粗车悬伸较长的轴类零件时，如果切削余量较大，可以采用（　　）方式进行加工，以防工件产生较大的变形。

A．循环去除余量　　B．高转速

C．大进给量　　D．以上均可

21．数控车床上，卡盘的夹紧方式有（　　）三种。

A．手动、气动、液压　　B．弹簧、手动、气动

C．手动、气动、压板　　D．液压、压板、气动

22．下列选项中，（　　）是数控车床进给传动装置的优点之一。

A．低摩擦阻力　　B．小负荷

C．低传动比　　D．低零漂

23．在数控生产技术管理中，除加强对操作、刀具、维修人员的管理外，还应加强对（　　）的管理。

A．编程人员　　B．职能部门

C．采购人员　　D．后勤人员

24. 影响数控车床加工精度的因素很多，要提高加工工件的质量有很多措施，但（　　）不能提高加工精度。

A. 将绝对编程改为增量编程　　B. 正确选择车刀类型

C. 控制刀尖中心高误差　　D. 减小刀尖圆弧半径对加工的影响

25. 梯形螺纹测量一般是用三针测量法测量螺纹的（　　）。

A. 中径　　B. 小径　　C. 底径　　D. 大径

26. MDI 方式是指（　　）方式。

A. 手动输入　　B. 自动加工　　C. 空运行　　D. 单段运行

27. 在手动对刀的基本方法中，最为简单、准确、可靠的是（　　）对刀法。

A. 试切　　B. 光学　　C. 定位　　D. 目测

28. BUTTON 表示（　　）。

A. 按钮　　B. 硬键　　C. 软键　　D. 开关

29. 数控车床加工内孔（镗孔）时，应采用（　　）退刀方式。

A. 径向→轴向　　B. 斜线

C. 轴向→径向　　D. 以上选项均正确

30. 数控车床加工中需要换刀时，程序中应设定（　　）。

A. 换刀点　　B. 机床原点　　C. 刀位点　　D. 参考点

31. 若数控车床的进给速度为 2.4 m/min，快进时步进电动机的工作频率为 4 000 Hz，则脉冲当量 δ 为（　　）mm/p。

A. 0.01　　B. 0.02　　C. 0.05　　D. 0.1

32. 为了方便维护，数控机床闭环控制系统的伺服电动机最好采用（　　）。

A. 交流伺服电动机　　B. 直流伺服电动机

C. 液压步进马达　　D. 步进电动机

33. 数控车床切削精度检验（　　）对车床几何精度和定位精度的一项综合检验。

A. 又称动态精度检验，是在切削加工条件下

B. 又称动态精度检验，是在空载条件下

C. 又称静态精度检验，是在切削加工条件下

D. 又称静态精度检验，是在空载条件下

34. 闭环数控车床的定位精度主要取决于（　　）的精度。

A. 位置检测系统　　B. 丝杠制造

C. 伺服电动机控制　　D. 机床导轨制造

35. 下列选项中，对刀具耐用度影响最大的是（　　）。

A. 切削速度　　B. 进给速度　　C. 背吃刀量　　D. 切削宽度

36. 数控车床的重复定位精度反映了车床的（　　）。

A. 随机性误差　　B. 轮廓误差

C. 系统性误差　　D. 平均误差

37. 在现代数控系统中，系统都有子程序功能，并且子程序（　　）嵌套。

A. 可以有限层　　B. 只能有一层

C. 可以无限层　　D. 不能

38. 加工精度高、(　　)、自动化程度高、劳动强度低、生产率高等是数控车床加工的特点。

A. 对加工对象的适应性强

B. 适于加工轮廓简单、生产批量又特别大的零件

C. 适于加工装夹困难或必须依靠人工找正、定位才能保证其加工精度的单件零件

D. 适于加工余量特别大、材质及余量都不均匀的坯件

39. 机械零件的真实大小是以图样上的(　　)为依据的。

A. 尺寸数值　　B. 公差

C. 技术要求　　D. 比例

40. 能进行螺纹加工的数控车床，一定安装了(　　)。

A. 主轴编码器　　B. 测速发电机

C. 温度控制器　　D. 旋转变压器

41. 车削细长轴外圆时，车刀的主偏角应为(　　)。

A. 90°　　B. 93°　　C. 75°　　D. 60°

42. 对于配合精度要求较高的圆锥工件，一般应采用(　　)检验。

A. 圆锥量规涂色　　B. 万能角度尺

C. 角度样板　　D. 千分尺

43. 切削用量三要素是指(　　)、背吃刀量、进给量。

A. 切削速度　　B. 主轴转速

C. 角速度　　D. 加速度

44. 数控车床中的 G41/G42 指令是对(　　)进行补偿。

A. 刀具的刀尖圆弧半径　　B. 刀具的几何长度

C. 刀具的半径　　D. 刀具的角度

45. 对刀确定的基准点是(　　)。

A. 换刀点　　B. 对刀点

C. 刀位点　　D. 加工原点

46. 只在本程序段有效，下一程序段需要时必须重写的指令称为(　　)。

A. 非模态指令　　B. 续效指令

C. 模态指令　　D. 准备功能指令

47. 在数控编程指令中，表示程序结束并返回程序开始处的指令是(　　)。

A. M30　　B. M03　　C. M08　　D. M02

48. 基准中最主要的是设计基准、装配基准和(　　)。

A. 定位基准　　B. 精基准

C. 粗基准　　D. 原始基准

49. 数控车床每天开机通电后首先应检查(　　)。

A. 液压系统　　B. 润滑系统

C. 冷却系统　　D. 电力系统

50. 数控车床进给量的单位是(　　)。

A. r/min　　B. mm/r　　C. mm/min　　D. r/mm

二、判断题（每小题 0.5 分，共 20 分）

1. 安全管理是综合考虑“物”的生产管理和“人”的管理，目的是生产更好的产品。（　　）

2. 数控车床是在普通车床的基础上将普通电气装置更换成数控装置。（　　）

3. 数控车床编程有绝对值编程和增量值编程，不能在同一程序段中使用。（　　）

4. G00、G01 指令都能使数控车床坐标轴准确到位，因此它们都是插补指令。（　　）

5. 在开环和半闭环数控车床上，定位精度主要取决于进给丝杠的精度。（　　）

6. 通常在命名和编程时，不论使用何种数控车床，都一律假定工件静止而刀具移动。（　　）

7. 数控三坐标测量机床也是一种数控机床。（　　）

8. 圆弧插补用半径编程时，当圆弧所对应的圆心角大于 180°时半径取负值。（　　）

9. 图形模拟不但能检查刀具运动轨迹是否正确，还能查出被加工零件的精度。（　　）

10. G90、G01、G74、G04 指令均为准备功能指令。（　　）

11. 为减小编程误差，对非圆曲线宜采用圆弧逼近。（　　）

12. 数控车床上工件坐标系的原点可以随意设定。（　　）

13. 若不考虑车刀刀尖圆弧半径，车出的圆弧是有误差的。（　　）

14. 用 G50 指令设定工件坐标系时，起刀点与工件坐标系的位置无关。（　　）

15. 在切削时，车刀溅火星属于正常现象，可继续进行加工。（　　）

16. 角位移测量元件常用于半闭环系统。（　　）

17. 插补法加工圆弧时，如椭圆度与坐标轴成 45°，则表示系统增益不一致。（　　）

18. 不具备刀尖圆弧半径补偿功能的数控车床，在加工工件时需要计算假想刀尖轨迹或刀具中心轨迹与工件轮廓尺寸的差值。（　　）

19. 加工塑性材料时，进给速度应慢一点。（　　）

20. 任何数控机床开机后都必须回机床原点。（　　）

21. 一个程序段内只允许有一个 M 指令。（　　）

22. 在数控车床上进行圆弧加工编程时，既可以用圆心编程，也可以用半径编程。（　　）

23. G40、G90、G49 是车床的默认状态。（　　）

24. 在 FANUC 的某些系统中，“G01 Z–20.0 R4.0 F0.4”是正确的程序段。（　　）

25. 加工左旋螺纹，车床主轴必须反转，用 M04 指令。（　　）

26. 用 G04 指令可达到改善加工表面质量的目的。（　　）

27. 零件的每一个尺寸，一般只标注一次，并应标注在反映该结构最清晰的图形上。（　　）

28. 对称度框格中给定的对称度公差值是指被测中心平面不得向任一方向偏离基准中心面的极限值。（　　）

29. 零件图上的重要尺寸应从基准直接标注，辅助基准和主要基准间要标注联系尺寸。（　　）

30. 凡是较长的零件（如轴、杆、型材、连杆等），沿长度方向的形状一致或按一定规

律变化时可断开后缩短绘制，并仍按设计要求的尺寸进行标注。（　　）

31. 图样中汉字的高度为 h，则字宽一般为 $h/2$。（　　）

32. 在 CAD/CAM 软件中作图时，工作层中的当前层与其他层一样可以设为可见层、不可见层。（　　）

33. 同一产品的图样只能采用一种图框格式。（　　）

34. 轮廓线可以用细实线来表示。（　　）

35. 对图样上给定的几何公差与尺寸公差采取彼此无关的处理准则称为独立原则，反之则称为相关原则。（　　）

36. 自动编程能对一些计算烦琐、手工编程无法编出的三维零件进行自动编程。（　　）

37. 在视图中，有时可以出现参考尺寸。（　　）

38. 在刀尖圆弧半径补偿中，各种不同的刀尖有不同的刀尖位置序号。（　　）

39. 标准公差分为 20 个等级，用 IT01、IT0、IT1、IT2、…、IT18 来表示。等级依次增大，标准公差值依次降低。（　　）

40. 半闭环数控系统装有检测反馈装置，它的反馈信号取自电动机轴而不是机床的最终移动部件。（　　）

三、简答题（每小题 5 分，共 10 分）

1. 什么是对刀点？简述对刀点的概念及数控车床对刀的基本过程。

2. 编制薄壁零件的加工程序时应注意哪些问题？

四、编程题（20 分）

加工图 10–1–1 所示零件。毛坯外形尺寸为 ϕ60 mm × 31 mm，内孔尺寸为 ϕ14 mm，材料为 45 钢，刀具及切削用量见表 10–1–1。试编制加工程序。

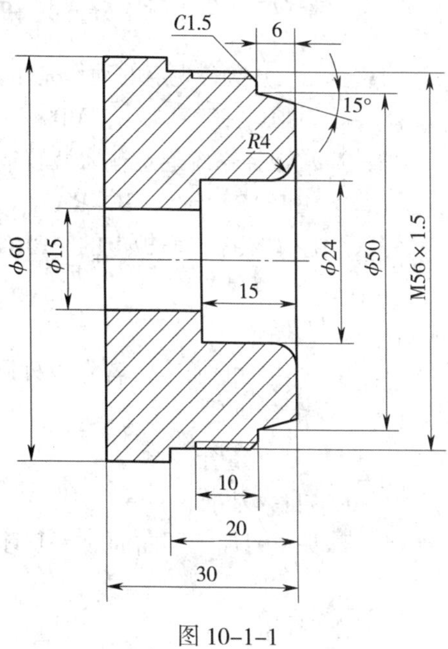

图 10–1–1

表 10–1–1　刀具及切削用量

刀具编号	刀具规格	加工内容	主轴转速 /（r/min）	进给量 /（mm/r）
1	45°偏刀	加工端面	400	0.1
2	ϕ23 mm 钻头	钻孔	250	0.2
3	90°偏刀	粗车外圆	400	0.25
4	内孔粗车刀	粗车内孔	300	0.2
5	90°偏刀	精车外圆	400	0.1
6	内孔精车刀	精车内孔	300	0.1
7	螺纹车刀	加工螺纹	400	1.5

综合试卷二

一、选择题（每小题 1 分，共 50 分）

1.（　　）指令规定的动作是由数控装置的可编程逻辑控制器完成的。

A．G01　　B．M09　　C．G90　　D．G00

2．通常数控系统通过输入装置输入的零件加工程序存放在（　　）中。

A．PROM　　B．RAM　　C．ROM　　D．EPROM

3．数控车床操作面板上的“PRGRM”键的作用是（　　）。

A．位置显示　　B．诊断

C．编程　　D．报警

4．对于主轴的加工，若先以外圆为基准加工内孔，再以内孔为基准加工外圆，这是遵循（　　）的原则。

A．基准重合　　B．互为基准

C．自为基准　　D．基准统一

5．球头车刀加工凹曲面时，其球头半径通常要（　　）被加工曲面的曲率半径。

A．大于　　B．小于

C．等于　　D．不受限制

6．数控系统的随机存储器常配备有高能电池，其作用是（　　）。

A．随机存储器正常工作所必需的供电电源

B．系统断电时，保护随机存储器中的信息不丢失

C．系统断电时，保护随机存储器不被破坏

D．加强随机存储器供电，提高其抗干扰能力

7．某加工程序中的一个程序段为“N003 G94 G03 X30.0 Z-15.0 I30.0 F0.5”，该程序段的错误在于不应该用（　　）。

A．X30.0　　B．G94　　C．I30.0　　D．G03

8．若要对数控加工程序进行修改，数控系统的工作方式应为（　　）。

A．MDI　　B．EDIT　　C．AUTO　　D．JOG

9．在车削一个顺时针的圆弧时，圆弧起点为（35，0），终点为（55，-10），半径为 10，则车削圆弧的指令为（　　）。

A．G90 G03 X55.0 Z-10.0 R-10.0 F0.2；

B．G90 G02 X55.0 Z-10.0 R10.0 F0.2；

C．G90 G02 X45.0 Z-10.0 R10.0 F0.2；

D．G90 G02 X45.0 Z-10.0 R-10.0 F0.2；

10．对步进电动机驱动系统来说，当输入一个脉冲后，通过机床传动部件使工作台相应地移动一个（　　）。

A．步距角　　B．脉冲当量　　C．螺距　　D．导程

11. 可以控制电动机进行精确的角位移运动，但不能纠正机床传动误差的控制系统是（　　）控制系统。

A. 闭环　　B. 半闭环
C. 点位　　D. 连续

12. 一般而言，为了有效地降低切削振动，应增大工艺系统的（　　）。

A. 强度　　B. 刚度
C. 精度　　D. 硬度

13. 步进电动机的转速可通过改变电动机的（　　）来实现。

A. 脉冲速度　　B. 脉冲频率
C. 通电顺序　　D. 电压

14. 粗加工时选择切削用量，首先应考虑（　　）。

A. 保证加工精度　　B. 保证表面质量
C. 切除多余的金属　　D. 保证尺寸公差

15. 一般编程步骤的第一步是（　　）。

A. 计算轨迹点　　B. 制定加工工艺
C. 编写零件程序　　D. 输入程序

16. G00 指令移动速度值是由（　　）指定的。

A. 数控程序　　B. 机床参数
C. 操作面板　　D. 随意设定

17. 数控车床长期不使用时，最重要的日常维护工作是（　　）。

A. 干燥　　B. 通电　　C. 清洁　　D. 通风

18. 在数控车削加工中，如果工件为回转体，并且需要进行二次装夹，应采用（　　）装夹。

A. 三爪硬爪卡盘　　B. 三爪软爪卡盘
C. 四爪硬爪卡盘　　D. 四爪软爪卡盘

19. “G91 G00 X50.0 Z–20.0”表示（　　）。

A. 刀具按进给速度移至机床坐标系 X=50 mm，Z=–20 mm 的点
B. 刀具快速移至机床坐标系 X=50 mm，Z=–20 mm 的点
C. 刀具快速向 X 轴正方向移动 50 mm，再向 Z 轴负方向移动 20 mm
D. 编程错误

20. 数控车床在运行已经调试好的程序时，通常采用（　　）。

A. JOG（点动）操作方式
B. AUTO（自动）操作方式
C. MDI（手动数据输入）操作方式
D. 单段运行操作方式

21. 夹紧力的方向应尽量垂直于主要定位基准面，同时应尽量与（　　）方向一致。

A. 退刀　　B. 切削
C. 换刀　　D. 振动

22. 进给伺服系统对（　　）不产生影响。

A．进给速度　　B．主轴转速

C．加工精度　　D．运动位置

23．在开环控制的数控车床上，一般采用（　　）。

A．小惯量直流电动机　　B．步进电动机

C．交流伺服电动机　　D．大惯量直流电动机

24．数控机床开机后，有些系统要求首先进行回零，使机床回到（　　）。

A．机床参考点　　B．工件原点

C．机床原点　　D．程序起点

25．（　　）是标准坐标系规定的原则。

A．工件相对于刀具运动　　B．刀具相对于工件运动

C．工件与刀具均运动　　D．刀具与工件均不运动

26．G96、G97 指令后面的转速的单位分别为（　　）。

A．r/min 和 m/min　　B．m/min 和 r/min

C．m/min 和 m/min　　D．r/min 和 r/min

27．刀具指令 T1002 表示（　　）。

A．刀号为 1，补偿号为 002　　B．刀号为 10，补偿号为 02

C．刀号为 100，补偿号为 2　　D．刀号为 1002，补偿号为 0

28．不使用 G41、G42 指令进行刀尖圆弧半径补偿时，对（　　）的尺寸与形状没有影响。

A．凸圆弧与凹圆弧　　B．圆柱面与端面

C．圆柱面与圆锥面　　D．圆弧面与圆锥面

29．在运算指令中，#i=#j+#k 代表的意义是（　　）。

A．最小值　　B．和

C．极限　　D．反余切

30．数控车床的种类很多，如果按加工轨迹可分为（　　）。

A．二轴控制和连续控制　　B．点位控制、直线控制和连续控制

C．三轴控制和多轴控制　　D．开环控制和闭环控制

31．数控车床加工调试中遇到问题时应先停止（　　）。

A．切削液　　B．主运动

C．进给运动　　D．辅助运动

32．数控车床编程时，下列指令正确的是（　　）。

A．G00 S　　B．G41 X Z

C．G40 G00 Z　　D．G42 G00 X Z

33．数控车床主轴锥孔中心线和尾座顶尖套锥孔中心线相对于机床导轨存在不等高误差，允许（　　）。

A．主轴高　　B．尾座高

C．两端一样高　　D．无特殊要求

34．机械加工中，选择加工表面的设计基准为定位基准的原则称为（　　）原则。

A．基准重合　　B．基准统一

C. 自为基准　　D. 互为基准

35. 下列 G 指令中，(　　) 是非模态指令。

A. G00　　B. G04　　C. G01　　D. G02

36. 用于指令动作方式的准备功能指令是 (　　) 指令。

A. F　　B. G　　C. T　　D. M

37. 下列数控系统中，(　　) 是数控车床应用的控制系统。

A. FANUC 0M　　B. FANUC 0i

C. SIEMENS 820C　　D. SIEMENS 810D

38. 工件夹紧的三要素是 (　　)。

A. 夹紧力大小、夹具的稳定性和夹具的准确性

B. 夹紧力大小、夹紧力方向和夹紧力作用点

C. 工件变形小、夹具稳定可靠、夹具定位准确

D. 夹紧力大、工件稳定、定位准确

39. 夹具的制造误差通常应是工件在该工序中允许误差的 (　　)。

A. 1 ~ 3 倍　　B. 1/5 ~ 1/3

C. 1/100 ~ 1/10　　D. 等同值

40. 测量与反馈装置的作用是提高车床的 (　　)。

A. 安全性　　B. 定位精度、加工精度

C. 使用寿命　　D. 灵活性

41. FANUC 0 系列数控系统操作面板上显示报警号的功能键是 (　　)。

A. DGNOS/PARAM　　B. POS

C. OPR/ALARM　　D. MENU OFFSET

42. 在开环控制系统中，影响重复定位精度的有滚珠丝杠螺母副的 (　　)。

A. 接触变形　　B. 热变形

C. 配合间隙　　D. 消隙机构

43. 数控车床端面加工时，表面质量太差的原因可能是 (　　)。

A. 程序错误　　B. 刀具中心过高

C. 进给量过大　　D. 起刀点不正确

44. G00 的速度是由 (　　) 决定的。

A. 操作者输入　　B. 机床内参数

C. 编程　　D. 进给速度

45. 执行直线插补指令 G01 与 (　　) 无关。

A. 进给率　　B. 坐标平面的选择

C. 起点坐标　　D. 机床位置

46. G71 或 G70 加工程序中的 F、S、T 功能，对于 (　　)。

A. 粗加工循环有效　　B. 精加工循环有效

C. 粗精加工循环均有效　　D. 粗精加工循环均无效

47. 数控车床有 X、Z 两轴联动，先设定的工件坐标系应 (　　)。

A. X 轴与机床坐标系相反　　B. X、Z 轴与机床坐标系都相同

C. X、Z 轴与机床坐标系都相反　　D. Z 轴与机床坐标系相反

48. 打开切削液用（　　）指令编程。

A. M03　　B. M08

C. M05　　D. M09

49. 准备功能指令中，能使车床做某种运动的一组指令是（　　）。

A. G00、G01、G02、G03、G90、G91、G92

B. G00、G01、G02、G03、G40、G41、G42

C. G00、G04、G18、G19、G40、G41、G42

D. G01、G02、G03、G17、G40、G41、G42

50. 在其他切削正常的情况下，螺纹切削时螺距不正常的主要原因是（　　）。

A. 车床进给速度倍率选择不当　　B. 主轴编码器故障

C. 主轴转速设定错误　　D. 车床处于空运行状态

二、判断题（每小题 0.5 分，共 20 分）

1. 车间生产作业的主要管理内容是统计、考核和分析。（　　）

2. 圆弧插补中，整圆的起点和终点相重合，用 R 编程无法定义，所以只能用圆心坐标编程。（　　）

3. 用数显技术改造的机床就是数控机床。（　　）

4. 因为毛坯表面的重复定位精度差，所以粗基准一般只能使用一次。（　　）

5. RS232 主要用于程序的自动输入。（　　）

6. Z 坐标的圆心坐标符号一般用 K 表示。（　　）

7. 数控机床上的轴仅仅是指机床部件的直线运动方向。（　　）

8. 半闭环伺服系统数控机床可直接测量机床工作台的位移量。（　　）

9. 数控机床环境温度应低于 30 ℃，相对湿度不超过 80%。（　　）

10. 程序只有通过键盘才能输入数控系统中。（　　）

11. 数控机床上机床参考点与机床原点不可能重合。（　　）

12. 对于所有的数控系统，其 G、M 指令的含义与格式完全相同。（　　）

13. 定位误差包括工艺误差和设计误差。（　　）

14. 更换系统的后备电池，必须在关机断电情况下进行。（　　）

15. 因为试切法的加工精度高，所以主要用于大批量生产。（　　）

16. 闭环数控系统是不带反馈装置的控制系统。（　　）

17. 切削速度越高，切屑带走的热量比例就越高，因此要减小工件热变形，应采用高速切削。（　　）

18. 各坐标轴回零的先后次序是可以调整的。（　　）

19. 刀具补偿功能包括刀补的建立、刀补的执行和刀补的取消三个阶段。（　　）

20. 外圆粗车循环方式适合于棒料毛坯去除较大余量的切削。（　　）

21. 标注尺寸的三要素是尺寸数字、尺寸界线和箭头。（　　）

22. 有效螺纹的终止界线在图样中都应用粗实线表示。（　　）

23. “刀位点”是指车刀、镗刀的刀尖，钻头的钻尖。（　　）

24．视图等的画法和标注规定只适用于零件图，不适用于装配图。（ ）

25．攻螺纹与钻孔的区别在于：攻螺纹必须严格保证刀具与工件相对转一转，其轴向相对移动一个导程，而钻孔进给量则没有严格要求。（ ）

26．A0 图纸的幅面大于 A1 图纸的幅面。（ ）

27．数控编程既可以用绝对值编程，也可以用增量值编程。（ ）

28．标准公差系列包含三项内容：公差等级、公差单位和基本尺寸分段。（ ）

29．样条采样法进行插补时，采样次数越多，插补精度越高。（ ）

30．在 FANUC 数控系统中，指令 G00 X__ W__是正确的书写格式。（ ）

31．复合固定循环应用于非一次加工即能加工到规定尺寸的情况。（ ）

32．Mastercam 中的曲面造型是特征建模方法。（ ）

33．车削螺纹时，车刀的工作前角和工作后角发生变化是由于螺纹升角使切削平面和基面位置发生了变化。（ ）

34．用数控车床车削台阶面时，不需使用刀补功能。（ ）

35．在数控车床中，当刀具磨损后或工件尺寸有误差时，只需修改每把刀具相应存储器中的数值。（ ）

36．数控车床参考点在机床坐标系中的坐标值由系统设定，用户不能改变。（ ）

37．螺纹指令 G32 X41.0 W-43.0 F1.5 是以 1.5 mm/min 的速度加工螺纹。（ ）

38．刀具半径补偿功能只能够在 *XY* 平面内进行。（ ）

39．CAM 的含义是计算机辅助运算。（ ）

40．一般情况下钻夹头刀柄夹持精度高于弹簧夹头刀柄夹持精度。（ ）

三、简答题（每小题 5 分，共 10 分）

1．车螺纹时，产生扎刀现象的原因有哪些？

2．如何合理选择数控车床的切削用量？

四、编程题（20 分）

加工图 10-2-1 所示零件，选用 ϕ90 mm×350 mm 的棒料，刀具及切削用量见表 10-2-1。编制精加工程序。

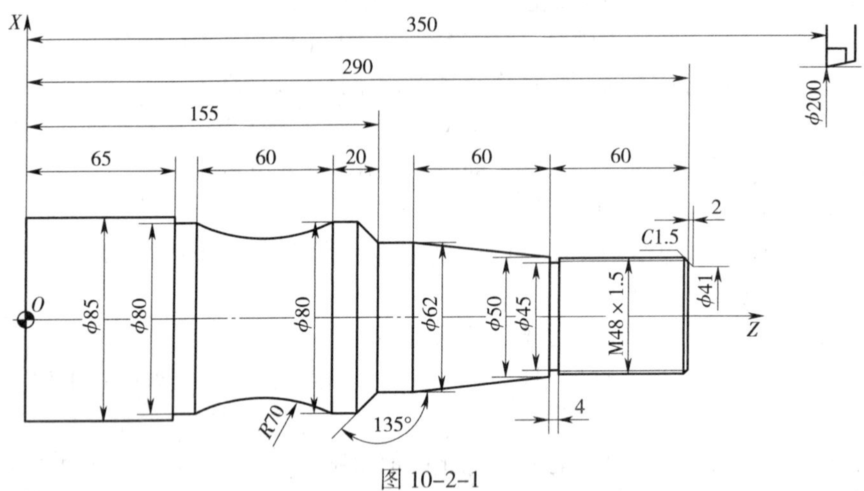

图 10-2-1

表 10-2-1　刀具及切削用量表

刀具编号	刀具规格	加工内容	主轴转速 /（r/min）	进给量 /（mm/r）
1	93°精车刀	外轮廓精加工	2 000	0.15
2	车槽刀	车槽	600	0.16
3	螺纹车刀	螺纹加工	600	1.5

综合试卷三

一、选择题（每小题 1 分，共 50 分）

1．一个完整的程序是由若干个（　　）组成的。

A．字母　　B．程序段　　C．字　　D．数字

2．S800 表示（　　）。

A．进给速度为 800 r/min　　B．主轴转速为 800 mm/min

C．主轴转速为 800 r/min　　D．进给速度为 800 mm/min

3．对于数控机床位置传感器，下面说法正确的是（　　）。

A．机床位置传感器的分辨率越高，机床的加工精度就越高

B．机床位置传感器的精度越高，机床的加工精度就越高

C．机床位置传感器的分辨率越高，则其测量精度就越高

D．直线位移传感器的材料会影响传感器的测量精度

4．步进电动机转子前进的步数小于电脉冲数的现象称为（　　）。

A．失步　　B．越步　　C．丢步　　D．异步

5．在数控机床加工过程中，若要进行测量尺寸、手动变速等手工操作，需要运行（　　）指令。

A．M02　　B．M03　　C．M00　　D．M04

6．为了保障人身安全，在正常情况下，安全电压规定为（　　）V。

A．110　　B．48　　C．24　　D．12

7．为了方便维护，数控机床闭环控制系统的伺服电动机最好采用（　　）。

A．直流伺服电动机　　B．步进电动机

C．交流伺服电动机　　D．液压步进马达

8．下列型号中，（　　）是最大加工工件直径为 400 mm 的数控车床的型号。

A．CJK0620　　B．CK6140　　C．XK5040　　D．XK6040

9．对步进电动机驱动系统来说，当输入一个脉冲后，通过机床传动部件使工作台相应地移动一个（　　）。

A．步距角　　B．导程　　C．脉冲当量　　D．螺距

10．可以控制电动机做精确的角位移运动，但不能纠正机床传动误差的控制系统是（　　）控制系统。

A．闭环　　B．半闭环　　C．点位　　D．连续

11．在数控机床的操作面板上“ON”表示（　　）。

A．手动　　B．自动　　C．开　　D．关

12．一般而言，为了有效地降低切削振动，应增大工艺系统的（　　）。

A．精度　　B．强度　　C．刚度　　D．硬度

13．闭环数控机床的定位精度主要取决于（　　）。

A．伺服电动机的控制精度　　B．丝杠的制造精度
C．位置检测系统的精度　　D．机床导轨的制造精度

14.（　　）伺服系统的控制精度最高。
A．开环　　B．半闭环　　C．闭环　　D．混合环

15．工件定位时，（　　）定位是不允许存在的。
A．完全　　B．过　　C．欠　　D．不完全

16．数控车床刀架的位置布置形式有（　　）两大类。
A．筒式和管式　　B．排式和转塔式
C．前置式和后置式　　D．蜗轮蜗杆式和齿轮式

17．数控系统所规定的最小设定单位就是（　　）。
A．数控机床的运动精度　　B．数控机床的加工精度
C．脉冲当量　　D．数控机床的传动精度

18．确定数控机床坐标轴时，一般应先确定（　　）轴。
A．X　　B．Y　　C．Z　　D．A

19．为了保证数控车床能满足不同的工艺要求，并能够获得最佳切削速度，对主传动系统的要求是（　　）。
A．无级调速　　B．变速范围宽
C．分段无级变速　　D．变速范围宽且能无级变速

20．下列数控系统中，（　　）是数控车床应用的控制系统。
A．FANUC 0T　　B．FANUC 0M
C．SIEMENS 820G　　D．FANUC MD

21．车削外圆弧时，产生过切削现象形成锥面，应（　　）。
A．修改刀具长度的补偿值　　B．更换更合适的刀具
C．修改刀具半径的补偿值　　D．改变刀具固定方式

22．数控机床的核心是（　　）。
A．伺服系统　　B．反馈系统　　C．数控系统　　D．传动系统

23．测量车刀的前角应在（　　）内进行。
A．基面　　B．切削平面　　C．正交平面　　D．前面

24．数控车床上，刀尖圆弧只有在加工（　　）时才产生加工误差。
A．端面　　B．圆柱　　C．台阶　　D．圆锥

25．某直线控制数控车床加工的起始坐标为（30，10），再加工到（20，0）、（20，−20）、（30，−20）、（30，−40），最后回到终点（30，10），加工的零件形状应是（　　）。
A．直径为 20 mm 的直轴
B．直径为 30 mm 的直轴
C．直径为 20 mm 和 30 mm 的两段阶梯轴
D．宽为 30 mm、长为 40 mm 的长方形

26．尺寸链组成环中，由于该环减小使封闭环减小的环称为（　　）。
A．增环　　B．闭环　　C．减环　　D．间接环

27．用于机床刀具编号的指令是（　　）指令。

A．M　　B．T　　C．F　　D．S

28．数控机床加工零件的程序编制不仅包括零件工艺过程，还包括切削用量、走刀路线和（　　）。

A．机床工作台尺寸　　B．机床行程尺寸

C．刀具尺寸　　D．切削液容量

29．零件的机械加工精度主要包括（　　）。

A．机床精度、几何形状精度、相对位置精度

B．尺寸精度、几何形状精度、装夹精度

C．尺寸精度、几何形状精度、相对位置精度

D．尺寸精度、定位精度、相对位置精度

30．夹紧力的方向应有利于减小（　　）。

A．摩擦力　　B．切削力　　C．夹紧力　　D．预紧力

31．数控系统中，（　　）指令在加工过程中是模态的。

A．G04　　B．G27、G28　　C．G01、F　　D．M02

32．数控编程时，应首先设定（　　）。

A．机床原点　　B．固定参考点　　C．机床坐标系　　D．工件坐标系

33．数控系统通常有（　　）插补功能。

A．圆弧和抛物线　　B．直线和抛物线

C．直线和圆弧　　D．螺旋线和抛物线

34．F152 表示（　　）。

A．主轴转速为 152 r/min　　B．主轴转速为 152 mm/min

C．进给速度为 152 mm/min　　D．进给速度为 152 r/min

35．下列选项中属于动态精度的是（　　）。

A．矢动量　　B．加工零件的夹具精度

C．跟随误差　　D．编程精度

36．数控车床加工的主要几何要素为（　　）。

A．斜线和直线　　B．斜线和圆弧

C．直线和圆弧　　D．圆弧和曲线

37．卧式数控车床的坐标系一般以主轴上夹持的工件最远端面的中心作为 Z 轴的基准点，则 Z 轴的正方向是从此基准点（　　）。

A．垂直向上的方向　　B．沿床身靠近工件的方向

C．沿床身远离工件的方向　　D．垂直向下的方向

38．若数控机床的进给速度为 3 m/min，快进时步进电动机的工作频率为 5 000 Hz，则脉冲当量 δ 为（　　）mm/p。

A．0.05　　B．0.02　　C．0.01　　D．0.1

39．自动编程的前置处理包括（　　）。

A．数控程序　　B．刀具参数设置　　C．输入翻译　　D．数据传送

40．数控机床加工过程中，“恒线速度切削控制”的目的是保持（　　）。

A．主轴转速的恒定　　B．进给速度的恒定

C．切削速度的恒定　　D．金属切除率的恒定

41．采用开环进给伺服系统的机床通常不安装（　　）。

A．伺服系统　B．制动器　C．位置检测器件　D．数控系统

42．FANUC 系统的数控车床，圆心坐标 I 的规定是（　　）。

A．直径值编程

B．半径值编程

C．X 向圆心相对于圆弧起点的增量值

D．圆心在编程坐标系中的 X 向绝对值

43．（　　）是在机床实际切削状态下进行检验的。

A．定位精度　B．几何精度　C．工作精度　D．主轴回转精度

44．滚动导轨预加载荷的主要目的是（　　）。

A．提高接触刚度　　B．提高运动的平稳性

C．消除轴向间隙　　D．加大摩擦力，使系统能自锁

45．用户宏程序最大的特点是（　　）。

A．完成某一功能　　B．嵌套

C．使用变量　　D．完成特定功能

46．精加工时应首先考虑的是（　　）。

A．生产率　　B．刀具的耐用度

C．零件的加工精度和表面质量　　D．机床的功率

47．现代数控机床的各种信号中，一般由数控装置中的可编程逻辑控制器直接处理的信号是（　　）。

A．闭环控制中传感器反馈的线位移信号

B．伺服电动机编码器反馈的角位移信号

C．机床逻辑状态检测与控制、辅助功能等信号

D．数控机床刀位控制信号

48．同一台数控机床上，更换一个尺寸不同的零件进行加工，用 G54 和 G50 两种方法设定工件坐标系，其更改情况为（　　）。

A．前者需更改，后者不需更改　　B．前者不需更改，后者需更改

C．两者均需更改　　D．两者均不需更改

49．用数控车床加工时，发现工件端面的平行度超差，则车床（　　）影响最大。

A．滑板横向移动对主轴轴线的垂直度误差

B．主轴定心轴径的径向跳动误差

C．主轴轴线的径向跳动误差

D．主轴轴肩支承面的跳动误差

50．对于加工精度比较高的工件，在加工过程中应（　　）。

A．将某一部分全部加工完毕后，再加工其他表面

B．必须在一把刀具使用完成后，再换另一把刀具

C．将所有面粗加工后再进行精加工

D．必须考虑各个面粗精加工的顺序

二、判断题（每小题 0.5 分，共 20 分）

1．圆弧插补用圆心指令指定时，在绝对值方式编程中 I、K 都是相对值。（　）

2．工件定位时，被限制的自由度少于六个，但完全能满足加工要求的定位称为不完全定位。（　）

3．直线型检测元件有感应同步器、光栅、磁栅、激光干涉仪等。（　）

4．在炎热的夏季，车间温度较高时，可将数控柜的门打开，以便通风散热。（　）

5．数控机床加工时，应尽量选用组合夹具和通用夹具装夹工件，避免采用专用夹具。（　）

6．车间日常工艺管理中，首要任务是组织职工学习工艺文件，进行遵守工艺纪律的宣传及例行工艺纪律的检查。（　）

7．数控加工程序编制完成后即可进行正式加工。（　）

8．插补运动的实际轨迹始终不可能与理想轨迹完全相同。（　）

9．G 指令可以分为模态 G 指令和非模态 G 指令。（　）

10．不同的数控机床可能选用不同的数控系统，但数控加工程序指令都是相同的。（　）

11．车削中心必须配备动力刀架。（　）

12．数控机床在输入程序时，不论使用什么系统，也不论是整数还是小数，都不必加入小数点。（　）

13．数控车床可以是点位控制数控机床。（　）

14．机床坐标系以刀具靠近工件表面的方向为负方向，以刀具远离工件表面的方向为正方向。（　）

15．机床参考点为数控机床上不固定的点。（　）

16．为防止工件变形，夹紧部位应尽可能与支承件靠近。（　）

17．编程中刀具起刀点的选择与进给路线的长短无关。（　）

18．M00、M01 指令都是程序暂停指令。（　）

19．数控面板按钮接通具有唯一性，故同时按下两个按钮时，只有一个有效。（　）

20．数控机床中，MDI 是机床诊断智能化的英文缩写。（　）

21．在数控机床坐标系中，根据刀具相对于静止工件运动的原则，以刀具远离工件的运动方向为坐标的负方向。（　）

22．G96 S100 表示切削速度是 100 m/min。（　）

23．在 FANUC 系统中，G50 指令可进行坐标系设定。（　）

24．机床原点是机床一个固定不变的极限点。（　）

25．偏置号的指定，长度偏移用 H，半径补偿用 D。（　）

26．G32 指令是一种加工外圆的循环指令。（　）

27．FANUC 系统数控车床编程时，可采用绝对值编程、增量值编程或二者混合编程。（　）

28．在复合固定循环执行中，除快速进给外，只有一种进给速度。（　）

29．含 G01 指令的程序段中，如不包含 F 指令，则机床不运动。（　）

30. 螺纹加工指令 G92 加工螺纹，螺纹两端要设置进刀段与退刀段。（ ）

31. 带有刀库、动力刀具、C 轴控制的数控车床通常称为车削中心。（ ）

32. FANUC 0i 数控系统中，一个程序段不能用增量值方式、绝对值方式混合编程。（ ）

33. G00 指令是使刀具以机床规定的速度快速移动到目标点，它与前一个程序段中的进给速度无关。（ ）

34. 不带有位置检测反馈装置的数控系统称为开环系统。（ ）

35. G00 指令是准备功能指令，表示快速定位。（ ）

36. M02 指令是辅助功能指令，表示程序的结束并返回程序开头。（ ）

37. 加工工序按加工部位划分时，先加工精度比较低的部位，再加工精度比较高的部位。（ ）

38. 粗加工时切削用量的选择原则为：提高生产率，但也应考虑经济性和加工成本。（ ）

39. FANUC 数控系统中，M98、M99 指令是成对出现的。（ ）

40. FANUC 系统中，G92 指令是加工圆柱螺纹指令，不能用于加工圆锥螺纹。（ ）

三、简答题（每小题 5 分，共 10 分）

1. 简述模态指令的含义。

2. 车削轴类零件时，工件有哪些常用的装夹方法？各有什么特点？

四、编程题（20 分）

加工图 10–3–1 所示零件，毛坯尺寸为 ϕ85 mm × 150 mm，材料为 45 钢，刀具及切削用量见表 10–3–1。试编制加工程序。

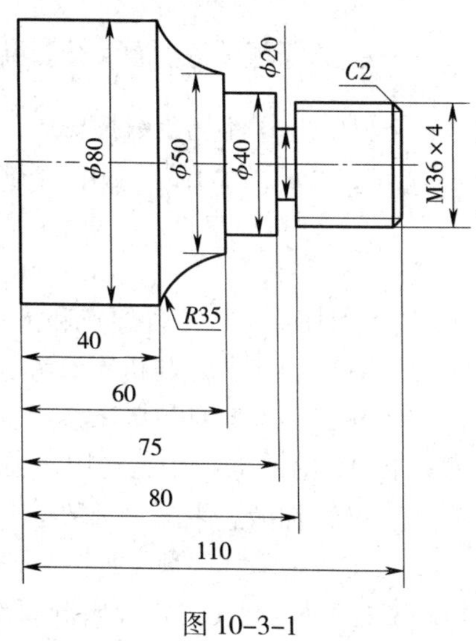

图 10–3–1

表 10–3–1　刀具及切削用量

刀具编号	刀具规格	加工内容	主轴转速 /（r/min）	进给量 /（mm/r）
1	90° 车刀	外轮廓粗加工	800	0.25
		外轮廓精加工	800	0.15
2	车槽刀	车槽	800	0.08
3	螺纹车刀	螺纹加工	600	4

综合试卷四

一、选择题（每小题 1 分，共 50 分）

1.（　　）不属于数控机床。

A. 加工中心　　B. 车削中心　　C. 计算机绘图仪　　D. 线切割机床

2. 下列指令中，（　　）是辅助功能指令。

A. G80　　B. T1010　　C. Z80　　D. M30

3. 机床原点、工件原点和机床参考点应满足（　　）。

A. 机床原点与机床参考点重合　　B. 机床原点与工件原点重合

C. 工件原点与机床参考点重合　　D. 三者均不重合

4. FANUC 系统中，在用户宏程序中运算的优先顺序是（　　）。

A. 加减、乘除、函数　　B. 乘除、加减、函数

C. 乘除、函数、加减　　D. 函数、乘除、加减

5. 工件的自由度需要限制而没有限制的定位属于（　　）。

A. 完全定位　　B. 过定位　　C. 欠定位　　D. 不完全定位

6. 在机床实际切削状态下进行检验的精度是（　　）。

A. 定位精度　　B. 几何精度　　C. 工作精度　　D. 主轴回转精度

7. 采用固定循环编程，可以（　　）。

A. 加快切削速度，提高加工质量　　B. 减小背吃刀量，保证加工质量

C. 减少换刀次数，提高切削速度　　D. 缩短程序的长度，减少程序所占内存

8. 数控编程时，应首先设定（　　）。

A. 机床原点　　B. 固定参考点　　C. 机床坐标系　　D. 工件坐标系

9. 数控系统的随机存储器常配备有高能电池，其作用是（　　）。

A. 随机存储器正常工作所必需的供电电源

B. 系统断电时，保护随机存储器不被破坏

C. 加强随机存储器供电，提高其抗干扰能力

D. 系统断电时，保护随机存储器中的信息不丢失

10. 为了方便维护，数控机床闭环控制系统的伺服电动机最好采用（　　）。

A. 直流伺服电动机　　B. 步进电动机

C. 液压步进马达　　D. 交流伺服电动机

11. 在数控机床的操作面板上，“SPINDLE”表示（　　）。

A. 手动进给　　B. 主轴　　C. 回零点　　D. 手轮进给

12. 用水平仪检验机床导轨的直线度时，若把水平仪放在导轨的左端，气泡向左偏 2 格；若把水平仪放在导轨的右端，气泡向右偏 2 格，则此导轨是（　　）状态。

A. 中间凸　　B. 扭曲　　C. 不凸不凹　　D. 中间凹

13. 下列几何公差符号中，表示位置度公差的是（　　）。

A. ⌯ 0.025　　B. ◎ 0.025

C. ⌭ 0.025　　D. ⌖ 0.025

14. 程序段“G00 G02 G03 G01 X50.0 Y70.0 F70”中，最终执行（　　）指令。

A. G00　　B. G03　　C. G02　　D. G01

15. 加工（　　）的零件，宜采用数控加工设备。

A. 大批量　　B. 少品种、中小批量

C. 单件　　D. 多品种、中小批量

16. 数控机床的种类很多，如果按加工轨迹可分为（　　）。

A. 二轴控制和连续控制　　B. 开环控制和闭环控制

C. 三轴控制和多轴控制　　D. 点位控制、直线控制和连续控制

17. 车床主轴轴线有轴向窜动时，对车削（　　）精度影响较大。

A. 外圆表面　　B. 丝杠螺距　　C. 内孔表面　　D. 台阶端面

18. 某数控加工程序为：

N010 G92 X100.0 Z195.0;

N020 G90 G00 X15.0 Z150.0;

N100 M02;

该程序中，最后一个程序段的含义是（　　）。

A. 程序暂停　　B. 程序停止　　C. 主轴停止　　D. 程序结束

19. 半闭环控制伺服进给系统的检测元件一般安装在（　　）上。

A. 工件　　B. 传动丝杠　　C. 导轨　　D. 工作台

20. 空运行与首件试切的作用是（　　）。

A. 检查机床是否正常

B. 提高加工质量

C. 检验参数是否正确

D. 检验程序是否正确及零件的加工精度是否满足图样要求

21. 数控车床的数控系统通常采用（　　）插补功能。

A. 螺旋线和抛物线　　B. 直线和抛物线

C. 圆弧和抛物线　　D. 直线和圆弧

22. 在数控机床上进行单段试切时，快速倍率开关应设置为（　　）。

A. 最低　　B. 最高　　C. 零　　D. 任意倍率

23. 下列选项中不影响数控车床加工精度的是（　　）。

A. 加工工艺　　B. 车刀类型

C. 刀尖中心高误差　　D. 将绝对值编程改变为增量值编程

24. 调质处理的工艺过程是（　　）。

A. 淬火＋退火　　B. 淬火＋中温回火

C. 淬火＋低温回火　　D. 淬火＋高温回火

25. HRC 表示（　　）。

A．刚度　　B．维氏硬度　　C．布氏硬度　　D．洛氏硬度

26．在车削加工中心上一般不可以进行（　　）加工。

A．磨削　　B．孔　　C．螺纹　　D．刨削

27．精加工时应首先考虑的是（　　）。

A．机床的功率　　B．刀具的耐用度

C．生产率　　D．零件的加工精度和表面质量

28．数控电加工机床主要有（　　）等。

A．数控铣床、数控钻床　　B．数控铣床、数控线切割机床

C．数控齿轮机床、数控铣床　　D．数控线切割机床、数控电火花成形机床

29．闭环控制系统和半闭环控制系统的主要区别在于（　　）不同。

A．采用的伺服电动机　　B．采用的传感器

C．伺服电动机的安装位置　　D．传感器的安装位置

30．柔性制造单元的英文缩写是（　　）。

A．DNC　　B．FMS　　C．CIMS　　D．FMC

31．精基准应以（　　）作为定位基准面。

A．未加工表面　　B．复杂表面

C．切削量小的表面　　D．加工后的表面

32．在数控机床上设置限位开关的作用是（　　）。

A．线路开关　　B．欠压保护

C．过载保护　　D．位移控制

33．数控机床的加工过程中，要进行校对刀具偏置和测量工件的尺寸、工件掉头、手动变速等手工操作时，需运行（　　）指令。

A．M98　　B．M03　　C．M02　　D．M00

34．在数控机床上，按（　　）划分工序的方法是错误的。

A．所用刀具　　B．加工部位

C．粗精加工　　D．加工时间

35．数控车床中，加工外圆通常采用（　　）。

A．镗刀　　B．立铣刀

C．钻头　　D．机夹可转位车刀

36．数控车床上使用试切法进行对刀时，可以采用保留（　　）的方法。

A．普通车刀　　B．钻头　　C．立铣刀　　D．基准刀

37．在数控车床上加工轴类零件时，应遵循（　　）原则。

A．先精后粗　　B．先孔后平面

C．先平面后孔　　D．先粗后精

38．数控车床车削内孔时，若床身导轨与主轴不平行，加工工件的孔会出现（　　）误差。

A．圆柱度　　B．直线度　　C．圆度　　D．锥度

39．由数控车床的挡块和行程开关决定的坐标位置称为（　　）。

A．机床参考点　　B．机床原点

C．机床换刀点　　D．刀架参考点

40．若数控机床的进给速度为 300 mm/min，快进时步进电动机的工作频率为 5 000 Hz，则脉冲当量 δ 为（　　）mm/p。

A．0.01　　B．0.1　　C．0.02　　D．0.001

41．高速车削螺纹时，硬质合金车刀刀尖角应（　　）螺纹的牙型角。

A．大于　　B．等于　　C．小于　　D．不确定

42．精车时，为了减小工件表面粗糙度值，车刀的刃倾角应取（　　）值。

A．负　　B．正　　C．零　　D．直角

43．切断刀折断的主要原因是（　　）。

A．刀头宽度太大　　B．进给量太大

C．切削速度低　　D．副偏角和副后角太大

44．绘图时，大多采用（　　）比例，以方便看图。

A．1∶5　　B．1∶2　　C．2∶1　　D．1∶1

45．数控车床开机时，一般要进行回参考点操作，其目的是建立（　　）。

A．极坐标系　　B．工件坐标系

C．局部坐标系　　D．机床坐标系

46．下列指令中，具有非模态功能的指令是（　　）。

A．G40　　B．G53　　C．G00　　D．G04

47．数控系统中 G54 与（　　）的用途相同。

A．G03　　B．G50　　C．G01　　D．G56

48．建立机床坐标系与工件坐标系之间关系的指令是（　　）。

A．G34　　B．G94　　C．G04　　D．G54

49．数控车床上钻孔时，钻孔的孔径偏大的主要原因是钻头的（　　）。

A．后角太大　　B．横刃太短

C．前角太小　　D．两条主切削刃长度不相等

50．外圆形状简单、内孔形状复杂的工件，应选择（　　）作为刀位基准。

A．端面　　B．内孔

C．外圆或内孔均可　　D．外圆

二、判断题（每小题 0.5 分，共 20 分）

1．如果不考虑车刀刀尖圆弧半径，车出的圆柱面是有误差的。（　　）

2．螺纹切削指令中的地址字 F 是指螺纹的螺距。（　　）

3．在进行刀尖圆弧半径补偿的程序段中，不能出现 G02、G03 的圆弧插补。（　　）

4．数控车床的孔加工循环指令中，R 是指回到循环起始平面。（　　）

5．刃磨车削右旋丝杠的螺纹车刀时，左侧工作后角应大于右侧工作后角。（　　）

6．一个完整尺寸包含的四要素为尺寸线、尺寸值、尺寸公差和箭头。（　　）

7．当数控机床失去对机床参考点的记忆时，必须进行返回参考点的操作。（　　）

8．同一工件，无论是用数控机床加工，还是用普通机床加工，其工序都是一样的。（　　）

9. 重复定位对提高工件的刚度和强度有一定的好处。（ ）

10. 钻盲孔时，为避免加工硬化现象，麻花钻应缓慢断续地进给。（ ）

11. 加工多线螺纹时，加工完一条螺纹后，加工第二条螺纹的起点应与第一条螺纹的起点相隔一个导程。（ ）

12. 车削细长轴时，产生“竹节形”的原因是跟刀架的支承爪压得过紧。（ ）

13. 加工精度是指工件加工后的实际几何参数与理想几何参数的偏离程度。（ ）

14. 模态 G 指令只在本程序段内有效。（ ）

15. M30 指令不但可以完成 M02 指令的功能，还可以使程序自动回到开头。（ ）

16. G28 Z10.0 表示刀具移动到 Z=10 处。（ ）

17. 表面粗糙度 *Ra* 值越大，表示表面粗糙度要求越低；表面粗糙度 *Ra* 值越小，表示表面粗糙度要求越高。（ ）

18. 一个或一组工人，在一个工作地点对同一个工件或同时对几个工件所完成的那一部分工艺过程称为工步。（ ）

19. G00 与 G01 后必须设定进给量 F 值。（ ）

20. 机床坐标系对一台机床来讲是固定不变的。（ ）

21. 更换电池应在切断系统电源后进行。（ ）

22. 零件程序无法存储的原因之一是电池电压太低。（ ）

23. 数控机床必须保证良好的一点型接地。（ ）

24. 由于数控机床具有良好的抗干扰能力，电网电压波动不会对其产生影响。（ ）

25. 长期搁置不用的数控机床必须每天进行空运转。（ ）

26. 衡量数控机床可靠性的指标有平均无故障工作时间、平均排除故障时间及有效度。（ ）

27. 定期检查、清洗润滑系统，添加或更换油脂、油液，使丝杠、导轨等运动部件保持良好的润滑状态，目的是降低机械的磨损速度。（ ）

28. 编制数控切削加工程序时一般应选用轴向进刀。（ ）

29. 因为试切法的加工精度较高，所以主要用于大批量生产。（ ）

30. 孔加工循环指令 G91 中，Z 是 R 平面到孔底的距离。（ ）

31. 数控车床的特点是 *Z* 轴进给 1 mm，零件的直径减小 2 mm。（ ）

32. 数控车床加工球面工件是按照数控系统编程的格式要求，写出相应的圆弧插补程序段。（ ）

33. 一个主程序调用另一个主程序称为主程序嵌套。（ ）

34. 车床主轴编码器的作用是防止切削螺纹时乱扣。（ ）

35. 非模态指令只能在程序段内有效。（ ）

36. *Y* 坐标的圆心坐标符号一般用 K 表示。（ ）

37. 同组指令可以编制在同一程序段内。（ ）

38. 螺纹加工时应尽可能提高转速，以提高加工效率。（ ）

39. 单一固定循环指令（G90、G94）能实现圆弧插补循环。（ ）

40. 在炎热的夏季，车间温度在 35 ℃以上，因此要将数控柜的门打开，以方便通风散热。（ ）

三、简答题（每小题 5 分，共 10 分）

1. 为什么要进行刀具补偿？刀具补偿分为哪两种？应用刀具补偿应注意哪些问题？

2. 什么是子程序？使用子程序的目的和作用是什么？

四、编程题（20 分）

加工图 10–4–1 所示零件，毛坯为 ϕ53 mm × 100 mm 的棒料，设 1 号刀为外圆车刀，2 号刀为 ϕ3 mm 的钻头，3 号刀为切断刀，4 号刀为 ϕ16 mm 的钻头，5 号刀为内孔车刀，切削用量自定。以工件轴线与工件右端面的交点 O 为工件坐标系原点，编制其加工程序。

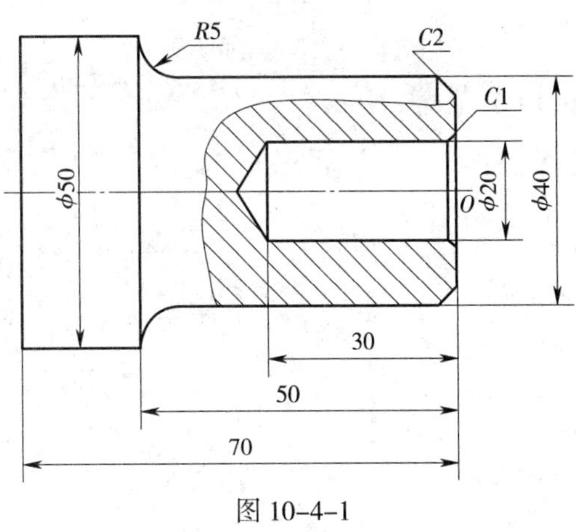

图 10–4–1